海洋声学与信息感知丛书

# 稀疏水声信号处理与压缩感知应用

伍飞云　杨坤德　童　峰　著

电子工业出版社
Publishing House of Electronics Industry
北京·BEIJING

## 内 容 简 介

本书阐述了国内外关于稀疏水声信号处理与压缩感知应用的研究与实验成果，同时融入了作者研究团队近几年来在该领域取得的一些重要研究成果，着重讨论了稀疏水声信号处理和压缩感知应用两个方面的内容。全书分 7 章，包括绪论、水声信道的基本物理特性、范数约束与稀疏估计、稀疏水声信道的估计算法、压缩感知的稀疏化预处理、压缩感知理论、压缩感知应用等，提供了有关算法的伪代码及一些 MATLAB 程序。

本书可作为高等院校和科研机构海洋物理、水声通信、水声工程等专业高年级本科生或研究生及相关行业研究人员的参考书。

未经许可，不得以任何方式复制或抄袭本书之部分或全部内容。
版权所有，侵权必究。

**图书在版编目（CIP）数据**

稀疏水声信号处理与压缩感知应用/伍飞云等著. —北京：电子工业出版社，2020.12
（海洋声学与信息感知丛书）
ISBN 978-7-121-33388-0

Ⅰ. ①稀⋯ Ⅱ. ①伍⋯ Ⅲ. ①水声通信－信号处理 Ⅳ. ①TN929.3②TN911.7

中国版本图书馆 CIP 数据核字（2017）第 325740 号

责任编辑：郭穗娟
印　　刷：天津画中画印刷有限公司
装　　订：天津画中画印刷有限公司
出版发行：电子工业出版社
　　　　　北京市海淀区万寿路 173 信箱　邮编　100036
开　　本：720×1 000　1/16　印张：12.5　字数：320 千字
版　　次：2020 年 12 月第 1 版
印　　次：2021 年 12 月第 2 次印刷
定　　价：69.80 元（全彩）

凡所购买电子工业出版社图书有缺损问题，请向购买书店调换。若书店售缺，请与本社发行部联系，联系及邮购电话：（010）88254888，88258888。
质量投诉请发邮件至 zlts@phei.com.cn，盗版侵权举报请发邮件至 dbqq@phei.com.cn。
本书咨询联系方式：（010）88254502，guosj@phei.com.cn。

# 前　言

声波作为目前水下无线通信的信号传输媒介，在实践过程中遇到了与陆地无线电通信不一样的约束，例如，水下声能量随载波频率的增加而严重衰减，水下声波（简称水声）传播路径具有多变性，传播速度约为 1500 m/s。这些约束使得水声信道具有较为明显的时延多普勒双扩展等现象。本书以稀疏信号处理为应用背景，对水声信道的稀疏性特点、水声信道中的物理特性、传播机制等进行分析，研究了水声信道的估计方法。此外，在具体分析稀疏化表示方法和压缩感知基本原理的基础上，结合水声工程背景，阐述了水声遥测方面的研究进展和相关成果。

本书汇集了国内外先进的研究与实验成果，同时融入了作者研究团队近几年来在该领域取得的创新性研究成果。全书分 7 章：第 1 章介绍了水声学的一些基础知识，包括与水声相关的相关物理量及其计算、水声信道传播模式、水声信道传播损失规律、声呐系统等；第 2 章主要介绍了水声信道的基本物理特性，包括水声传播和信道传输特性等；第 3 章介绍了范数约束下的水声信道稀疏估计方法，在范数化向量空间引入稀疏估计代价函数；第 4 章主要介绍了稀疏水声信道的估计算法，包括向量模式和矩阵与向量相结合的估计算法，对其进行了分析与讨论，并结合仿真和海试进行验证；第 5 章介绍了压缩感知的稀疏化预处理的常用方法；第 6 章介绍了压缩感知理论，包括基本概念、模型、性质、6 种典型的贪心算法及 MATLAB 程序；第 7 章介绍了压缩感知应用，包括对水声信道估计的进一步探讨、水声数据遥测中的应用、压缩感知在变电站噪声源定位中的应用。

著者采用朴实易懂的语言总结了压缩感知在水声信道估计方面取得的研究成果，重点介绍了著者研究团队近几年来在压缩感知应用方面所做的工作，特别感谢西北工业大学航海学院的雷志雄、段睿博士、田天、孙权、朱云超和西安电子科技大学计算机学院的伍佳会，他们参与了本书的编排和整理工作。同时，感谢中山大学的杨智教授、谢燕江、钟旺盛、詹俦军、彭璐、刘撷捷、许清媛，以及厦门大学的许肖梅教授、周振强博士、陈维、陈楷、李芳兰、周跃海、曾堃、曹秀岭、江伟华、陈磊给予的帮助和支持；感谢美国阿拉巴马大学的宋爱军教授提供的指导意见；感谢美国特拉华大学的王栋、廖恩惠、卢文芳、沙金、马夷、谢胜柏、颜秀利、卓著、严义豪、李承飞等提供的帮助和支持。

  本书可作为高等院校和科研机构海洋物理、水声通信、水声工程等专业高年级本科生或研究生及相关行业研究人员的参考书。本书由国家自然科学基金（批准号：61701405）、中央高校基本科研业务费专项资金（批准号：3102017OQD007）、中国博士后科学基金（批准号：2017M613208）资助完成。

  由于著者学识有限，书中定然存在不足之处，恳请读者批评指正。著者电子邮箱：wfy@nwpu.edu.cn。

著 者

2017 年 8 月

# 目 录

**第1章 绪论** ·································································· 1
  1.1 与水声相关的物理量及其计算 ········································ 2
    1.1.1 水声能量及其计算 ··············································· 2
    1.1.2 参考声压和分贝及其计算 ········································ 3
  1.2 水下声速变化特性 ···················································· 4
  1.3 水声信道中3种特殊传播模式 ········································ 7
  1.4 水声信道传播损失规律 ··············································· 8
  1.5 声呐系统 ······························································ 11
    1.5.1 声呐方程 ·························································· 11
    1.5.2 声呐方程的检测阈值 ············································ 15
    1.5.3 噪声与混响环境下检测阈值的设置 ····························· 17
  本章小结 ···································································· 19

**第2章 水声信道的基本物理特性** ·········································· 20
  2.1 海面水声信号的传播特性 ············································· 20
  2.2 海底水声信号的传播特性 ············································· 23
  2.3 水声传播的多途效应 ·················································· 27
  2.4 水声信道的选择性衰落 ··············································· 28
  2.5 多途信道的系统函数 ·················································· 29
  2.6 水声信号的匹配滤波处理 ············································· 31
  本章小结 ···································································· 33

**第3章 范数约束与稀疏估计** ················································ 34
  3.1 近似范数约束项与稀疏估计代价函数 ································ 34
  3.2 范数化的向量空间 ···················································· 35
  3.3 范数约束项与稀疏估计代价函数设计 ································ 37

3.4 基于近似 $l_0$ 范数约束的稀疏估计算法 ·································· 39

本章小结 ···················································································· 42

## 第 4 章 稀疏水声信道的估计算法 ································· 43

4.1 稀疏水声信道的向量估计算法 ·············································· 43

  4.1.1 问题描述 ········································································· 43

  4.1.2 向量估计方法与信道估计目标函数 ······································ 45

  4.1.3 数值仿真分析 ··································································· 52

  4.1.4 海试验证 ········································································· 54

4.2 稀疏水声信道的矩阵估计算法 ·············································· 58

  4.2.1 问题描述 ········································································· 59

  4.2.2 基于压缩感知的矩阵估计算法 ············································ 60

  4.2.3 数值仿真分析 ··································································· 64

  4.2.4 海试验证 ········································································· 68

本章小结 ···················································································· 74

## 第 5 章 压缩感知的稀疏化预处理 ································· 75

5.1 离散余弦变换 ···································································· 76

5.2 离散小波变换 ···································································· 78

5.3 6 种多尺度几何分析 ··························································· 94

  5.3.1 脊波（Ridgelet）变换 ························································ 94

  5.3.2 曲波（Curvelet）变换 ························································ 94

  5.3.3 轮廓波（Contourlet）变换 ·················································· 95

  5.3.4 条带波（Bandelet）变换 ···················································· 96

  5.3.5 楔波（Wedgelet）变换 ······················································· 97

  5.3.6 小线（Beamlet）变换 ························································ 97

5.4 稀疏表示 ·········································································· 98

5.5 信号的低秩分析 ······························································· 101

本章小结 ·················································································· 104

## 第 6 章 压缩感知理论 ··················································· 105

6.1 压缩感知简介 ·································································· 105

# 目 录

6.2 基本概念 ... 109
  6.2.1 基和框架 $\mathcal{H}$ ... 109
  6.2.2 低维信号模型 ... 109
  6.2.3 可压缩信号 ... 110
  6.2.4 子空间的有限并集 ... 110
  6.2.5 感知矩阵的有关概念 ... 110
  6.2.6 感知矩阵的构造 ... 113
6.3 稀疏信号恢复算法 ... 114
  6.3.1 $l_1$ 范数最小化算法 ... 114
  6.3.2 基追踪和基追踪降噪方法 ... 117
6.4 信号恢复算法 ... 130
6.5 6 种典型的贪心算法 ... 131
  6.5.1 正则化正交匹配追踪 ... 131
  6.5.2 压缩采样匹配追踪 ... 135
  6.5.3 分段正交匹配追踪 ... 138
  6.5.4 子空间追踪 ... 141
  6.5.5 稀疏度自适应追踪 ... 142
  6.5.6 广义正交匹配追踪 ... 146
本章小结 ... 149

第 7 章 压缩感知应用 ... 152

7.1 压缩感知在稀疏水声信道估计中的应用 ... 152
7.2 水声信道的时延-多普勒双扩展模型探讨 ... 154
7.3 水声双扩展信道估计研究概述及未来工作展望 ... 156
7.4 压缩感知在水声数据遥测中的应用 ... 158
7.5 压缩感知在变电站噪声源定位中的应用 ... 163
  7.5.1 变电站噪声源定位算法简介 ... 164
  7.5.2 基于压缩感知的合成孔径技术 ... 167

参考文献 ... 174

# 第1章 绪　　论

在所有已知的水下传播媒介中，光波及无线电波的传播衰减远远大于声波。声音在水中的传播特性最好，特别是在混浊且富含化学离子的海水中。因此，人们广泛使用声波进行各种海洋探测活动。关于水声的研究可追溯至 15 世纪末，现今人们借助各种高科技对水声进行更深入的研究。可以说，水声通信是一个既古老又现代的研究方向，是物理科学与工程技术相结合而产生的新方向。利用水声基于机械振动在海洋中的传播规律，结合信号处理技术[1,2]，可帮助人们开展各种海洋活动。在早期，特别是在第一次和第二次世界大战期间，水声是海洋战场的主导者，当时交战方对水声通信技术的掌握程度决定了海洋战场的最终胜负[3~5]。在当代，人们持续对水声进行更加深入的研究，旨在实现对海洋更加充分的利用，以便更好地开展各项海洋活动[6,7]，如海洋勘探、海底地形测绘和海上救援等。

水声通信技术是水声技术的重要组成部分，在早期它是因军事方面的需求而发展起来的。例如，美国海军实验室研制了基于单边带调制的水下通信机，其设计的载波频率为 8.33kHz，主要功能是实现潜艇之间的信息传输。随着经济建设对海洋开发的巨大需求，水声通信技术在信息化海洋数据采集、海洋资源开发和海洋环境监测等关系到我国海洋强国战略的领域中，扮演着越来越重要的角色。目前，水声通信技术的研究主要集中在 3 个方面：

（1）远程、超远程的稳健水声通信技术。

（2）近程高速、超高速水声通信技术。

（3）水下通信网络技术。

水下信息量的不断增加对水声通信的传输速率提出了更高的要求。在民用方面，有各种数据信息（如遥测数据，海底地形地貌、图像等）、水下无缆电话、环境系统中的污染监测数据、水文站的采集数据等，利用水声信道和水声通信系统进行传送的需求大大增加。在军事方面，信息的获取速度影响着战略决策和战场胜负。高速水声通信作为观测节点、武器平台间信息共享的技术支撑，能够在热点区域支持水下网络的建立及态势感知，辅助战略决策与战场抉择，在水下区域拒止、编队集群作战中发挥关键作用。在态势感知方面，高速水声通信支持水下网络节点的数据共享，由于通信速率高，故可用于突发、短时通信。此外，由于高速水声通信使用较高频带,信号带宽大,能量衰减快,因此具有区域隐蔽的特点。潜水艇作为被动接收单元,可用区域性宽带接入网络,获得战场环境及信息参数并进行实时战术通信,提高行动灵活性。

## 1.1 与水声相关的物理量及其计算

### 1.1.1 水声能量及其计算

声音可以看作弹性材料表面粒子作规律性运动而产生的一种振动。由众多紧密结合的粒子组成的材料具有弹性特性,因此粒子间的振动会在短时间内快速地进行相互传递,从而形成材料总体的有规律的振动。例如,在水声中使用的发声换能器——声源就是一种由电能激发的粒子振动。海水是一种液体,其受到外界压力时,一般只能进行拉伸和压缩运动,只支持纵波的传播。因此,在海水中声音的传播方向与振动方向相同,声音的传播速度等于声波的传播速度。通过使用对声压敏感的水听器可实现对水声声压的检测。有声音就有声压,假设平面波的声压为 $p$,其相对于粒子流 $u$ 的瞬时强度[1]可表示为

$$p = \rho c u \tag{1-1}$$

式中,$\rho$ 为水流密度,$c$ 为声波在水中的传播速度。

在水声工程领域,上式称为声学欧姆定律,把 $\rho c$ 等同于阻抗,$u$ 等同于电流,$p$ 相当于电压,从而把抽象的声学特性与我们熟知的电路定律联系起来。声波所包含的能量由声波的动能与弹性粒子所携带的势能两部分组成。在水声工程领域,声波的强度(声强)定义为单位时间内穿过垂直于声波传播方向单位平面面积的声能。由于在实际应用中,往往会测量一定时间内($t_1 \sim t_2$)的声压,取其平方均值,因此平面波的声强与瞬时声压的关系可表示为

$$I = \frac{1}{\rho c} \times \frac{1}{t_2 - t_1} \int_{t_1}^{t_2} \frac{1}{2} p \, dp \tag{1-2}$$

声音在实际海洋环境中传播特别是在长距离传播时,会产生不可忽略的畸变。在接收点信号产生畸变的可能原因主要有以下两种:

(1)从声速剖面的角度看,海洋不同深度处的水声传播速度不同,从而导致从同一点发射的声波(若出射角不同)到达接收点的时间存在差异,这在后面的海洋声速特性中会谈及。

(2)发射的声波遇到运动的目标时,会使信号发生多普勒频移,使接收到的

信号为产生畸变。在一定时间内信号的强度不能客观地反映信号的特性，因为信号已经产生了畸变。但从能量守恒的角度出发，不管信号发生畸变的程度有多大，信号的能量总是守恒的（不考虑传播过程中的损失）。因此，通过计算接收端信号的总能量，就能客观地描述信号的大小。设在一定时间内的能量流为

$$E = \frac{1}{\rho c} \int_0^{\Delta t} p^2 \mathrm{d}t \tag{1-3}$$

式中，$\Delta t$ 为接收端信号的持续时间；能量流 $E$ 的单位为 $\mathrm{J/cm^2}$。

在实践中，常使用连续波（CW）或线性调频（LFM）信号进行海洋实验。这是因为连续波具有较好的多普勒特性，能够较好地检测运动目标，而 LFM 信号具有较好的距离分辨力，在测量目标距离时，具有较高的精度。知道信号的具体形式后，便可得到信号能量的计算式，从而知道在信号接收点的信号声源级大小。

### 1.1.2 参考声压和分贝及其计算

在估计水声信道时，常常会涉及大量的计算，最基础的问题就是计算水声在信道中传播时的能量损失。在水声学中，常使用分贝（dB）作为水声能量的衡量标准[8]。一方面是因为在最初对声音进行感知时，人们使用耳朵接收声音，而人耳对声音的敏感度是呈对数关系的，即声音响度从 1 变化到 10 与从 100 变化到 1000，对人而言，声音变化的程度相同；另一方面是因为声音响度的变化范围很宽，最大值和最小值的差别可达 $10^{10}$ 数量级，若采用常规的数值描述或记录，十分不便。从数学的角度看，采用分贝后，可将计算时的乘除关系变为加减运算，从而简化了运算过程，特别是采用计算机处理后，极大地缩短了运算的时间。

分贝的定义式为

$$n = 10 \lg \frac{P_1}{P_0} \tag{1-4}$$

式中，$P_1$ 为待求点的声功率；$P_0$ 为参考点的声功率，单位均为 W。

水声学中一般不直接采用信号能量的绝对值来描述信号能量的大小，而采用其相对值，并以均方根声压为 $1\mu\mathrm{Pa}$ 的平面波的声强作为参考，并记为 $I_0$，则它对应的物理强度为 $6.7 \times 10^{-23}\,\mathrm{W/cm^2}$。根据上面的表达式可知，单位能量流密度是均方根声压为 $1\mu\mathrm{Pa}$ 的平面波在 1s 内的能量密度。文献[9]中使用的参考声压与当前使用的标准不同，水声学中曾经使用的参考声压还有 $1\mathrm{dyn/cm^2}$ 及 $2.04 \times 10^{-4}\mathrm{dyn/cm^2}$。声源级不同参考标准之间的转换关系如表 1-1 所示。

表 1-1 声源级不同参考标准之间的转换关系表

| 从 dB 到<br>1 dyn/cm² 的转换关系 | 从 dB 到<br>2.04×10⁻⁴ dyn/cm² 的转换关系 | 从 dB 到<br>1μPa 的转换关系 |
| --- | --- | --- |
| 20 | 94 | 120 |
| 0 | 74 | 100 |
| −20 | 54 | 80 |
| −40 | 34 | 60 |
| −60 | 14 | 40 |

由表 1-1 可知，使用 1dyn/cm² 作为参考标准时，将其值加 100dB 便可得到当前普遍使用的 1μPa 下的声压；在使用 2.04×10⁻⁴ dyn/cm² 作为参考标准时，将其值加 26dB 便可转换到 1μPa 参考标准。

假设 $P_A$ 与 $P_B$ 分别是两个位置的声强，用 SL 表示这两者的比值时，则有

$$\text{SL} = 10\lg\frac{P_B}{P_A} \text{dB} \tag{1-5}$$

显然，SL 的单位与 $P_A$ 与 $P_B$ 的单位不同，如果采用 $A$ 位置的声强 $P_A$ 作为参考值，那么 $B$ 位置的声强就是 SLdB。因此，声强是一个相对值，而不是参考值。

## 1.2 水下声速变化特性

在水中，声波是以纵波的形式存在的，其在海水中的传播速度可表示为

$$v = \frac{1}{\sqrt{\rho\beta}} \tag{1-6}$$

式中，$\beta$ 为绝热压缩系数。经过长期研究发现，水的密度和绝热压缩系数都与温度 $T$，盐度 $S$ 及静压力 $P$ 有着密切的关系，但无法得到其解析表达式[10]。可用一般的抽象函数表示水的密度和绝热压缩系数。

$$\rho = f(T, S, P) \tag{1-7}$$

$$\beta = g(T, S, P) \tag{1-8}$$

由于海水是一种不均匀介质，因此声音在水下传播的能量分布也会随着声音传播的位置而发生变化。但长期的研究发现，水声在垂直方向与水平方向的变化梯度不同，并且存在较大的差异：水平梯度为 $10^{-8} \sim 10^{-11}/m$ 数量级，垂直梯度为 $10^{-3} \sim 10^{-6}/m$ 数量级。因此，在实际中主要考虑声速变化的垂直分布特性，而对于上百公里的水声传输，则只需考虑水平梯度的影响。

# 第1章 绪 论

若水下某处深度（称为水深）为 $H$，温度为 $T$，盐度为 $S$，则该点的声速 $v$ 可表示为[11]

$$v = 1492.9 + 3(T-10) - 6\times10^{-3}(T-10)^2 - 4\times10^{-2}(T-18)^2 +$$
$$1.2(S-35) - 10 - 2(T-18)(S-35) + \frac{H}{61} \quad (1\text{-}9)$$

上式中分别对温度、盐度及深度3个参量求偏导数，可以发现当温度、盐度和水深分别变化一个单位时，即 $\Delta T=1$、$\Delta S=1$、$\Delta H=1$ 时对水声声速的影响分别为 $\Delta v \approx 4.820 \text{m/s}$、$\Delta v \approx 1.330 \text{m/s}$、$\Delta v \approx 0.016 \text{m/s}$。一般情况下，水深从几十米变化到上千米，声速肯定会有比较大的变化；在温度方面，受季节、太阳光照和海面风浪等影响，水声声速也会有明显的变化；而盐度一般都比较平稳，其对水声声速的影响比较小[12-14]。因此，在一般情况下，主要考虑水深和温度对水声声速的影响。图1-1所示为一种典型的深海声速剖面特性曲线，即声速随水深变化的特性曲线。

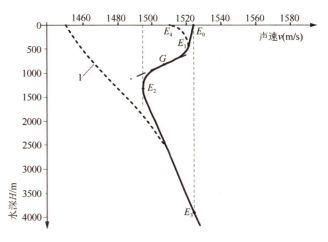

图1-1 典型的深海声速剖面特性曲线

图1-1中，实线 $E_0E_3$ 为典型的深海声速剖面，以水平面为基准，水深方向为坐标轴的正向。由于海洋表面受到阳光的照射，相对而言温度较高，随着水深的增加，水温下降。虽然水深的加大也会导致水声声速增加，但是温度下降对水声声速的影响大于水深增加对水声声速的影响。因此水声声速总体上呈现负梯度变化[15-16]，从而得到实线 $E_0E_1$ 所示的海洋表面混合层水声声速剖面。当海洋表面风浪较大时，由于风浪的搅动作用，在一定厚度的海洋表面混合层出现了水温相同的情况，从而随着水深的增加，水声声速呈现正梯度变化，如虚线段 $E_4E_1$ 所示。

在一定深度,海洋表面混合层的声速达到最大值,由斯涅尔定律可知,此时形成的海洋表面混合层具有较好的海面波导效应,因为这种混合层对声线的传播具有较好的"陷获"效应。随着水深的继续增加,水温急速降低,此时水温对水声声速的影响更大,声速剖面的负梯度更加明显,在 $G$ 点达到了负声速剖面的最大值,随着水深的继续增加,温度对声速的影响逐渐减弱,到达 $E_2$ 点时,温度对声速的影响被水深增加的影响抵消,声速达到最小值。如图 1-1 中的弧线 $E_1E_2$ 为温跃层曲线,温跃层受水温变化的影响很大。$E_2$ 点对应的水深称为深海声道轴,其在水声传播中具有重要的作用,且随着纬度的降低,$E_2$ 点对应的水深不断减小,到达极地甚至在海洋表面,声速剖面如虚线 1 所示。此时海水温度趋于稳定,声速主要受水深的影响,随着水深的增加,声速不断增大,出现了正梯度变化,直至 $E_3$ 点,声速再次与海面声速相同,该声速对应的水深称为临界深度。$E_3$ 点在实际应用中也具有很大的意义,在此位置出射的声波对海面高度的变化效应与海底损失影响不敏感,因此也被称为"可靠声路径"。

即使在同一区域,声速每天的变化与每年的变化也不同。例如,在 20m 的水深范围内,声速每天的变化都比较明显;在 150m 的水深范围内,声速每年的变化都比较明显。

由于在海洋表面混合层中,声速剖面特性与水温几乎成正比例关系,因此可通过温度剖面特性的分析,推断出声速剖面的特性。由于实验中水深 15m 处的水温在一天当中比较恒定,水深 15m 以内的水温变化比较明显。若以水深 15m 处的水温为参考值,则不同时刻不同水深相对于 15m 深度处的水温如图 1-2 所示[17]。由图 1-2 可知,当日 18:00 到次日 8:00,海洋表面混合层的声速比较稳定,因为此时间段的表面混合层厚度比较大;而到午后海洋表面混合层声速变化比较大,因为此时间段的表面混合层厚度比较小,并且声速剖面为负梯度剖面,因此会出现所谓的"午后效应",即在很短的距离内都不能探测到水声信号,这是因为此时发射角较大的声线会向下折射,所以在相同深度布设的接收器无法接收到信号。

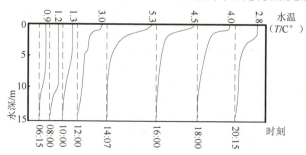

图 1-2 百慕大地区一天不同时刻的海洋表面混合层声道的水温-水深特性曲线

图 1-3 为百慕大地区一年不同月份的水温剖面特性曲线。从图中可以发现同一地区不同月份的海洋表面混合层厚度不相同，在一年当中气温比较低的月份海洋表面混合层厚度比较大，比较均匀，如当年 12 月到次年的 4 月。因此，冬季声线在海洋表面混合层的传输特性比较好，该时期的海洋表面混合层传播特性也备受关注。

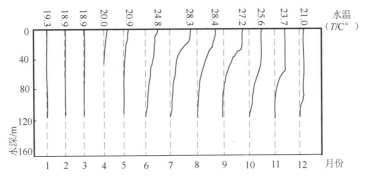

图 1-3　百慕大地区一年不同月份的水温剖面特性曲线

## 1.3　水声信道中 3 种特殊传播模式

声波在海洋中的传播方式多种多样[18-21]，但存在 3 种比较特殊的水声信道，在这 3 种信道中，声波的传播损失最小。海洋中的每条声速剖面特性曲线都可以看作一种特殊的 MUNK 声速剖面特性曲线，如图 1-4（a）所示。图 1-4（b）、图 1-4（c）、图 1-4（d）所示为在 MUNK 声速剖面特性曲线下 3 种典型的声线传播模式，这些模式下的声波传播损失较小，有利于水声信道的估计研究。

针对图 1-4 所示的 3 种传播模式，采用射线模型研究声线的传播特性。在图 1-4（a）所示的 MUNK 声速剖面特性曲线中，声源的出射角为 16°，声源的位置分别为 300m，1300m 和 4700m，3 种声源位置分别对应 3 种传播模式。受声速剖面的影响，产生了图 1-4 中所示的汇聚区与声影区。当声线传播为汇聚区模式时，第一个汇聚区位于 60.5km 处，汇聚区宽度为 13km，第二个汇聚区位于 120.5km 处，汇聚区的宽度为 18km。图 1-4（c）中，声源位置在声道轴，声线围绕声道轴传播，声波的出射角较小时，声线可不接触海洋表面与海底，会传播很远。使用可靠声路径进行水声传播时，由于声线对海面高度效应和海底损失不敏感，因此声能的损失也很小。在上述 3 种信道中，水声传播的损失小，因此在水声通信技术研究中备受关注。

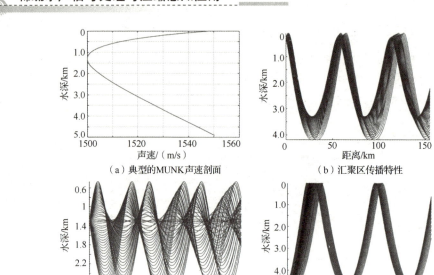

图 1-4 在 MUNK 声速剖面特性曲线下 3 种典型的水声信道传播模式

## 1.4 水声信道传播损失规律

接收点接收到的信号强度直接影响人们对水声信道的估计结果。在水声通信中,信号的传播不是在无穷边界的海洋空间,而是在由海面和海底组成的有限空间,水声信道的传播模式虽然能够表明声线的传播路径,但是没有显示出声能传播的规律和损失状况[22-25]。

假设声源无指向性,其所在的传播环境为均匀介质,并且介质的存在不会对声波的传播造成损失,边界对声波无吸收作用,则当声波在传播过程当中没有接触到海面或海底时,可认为声波在无边界环境中传播[26-29],海洋环境中声波传播示意如图 1-5 所示。在声波传播过程中的每一时刻,假设声源辐射能量 $P$ 均匀分布于传播球面,则有如下计算式:

$$P = 4\pi r_1^2 I_1 = 4\pi r_2^2 I_2 = \cdots = 4\pi r_i^2 I_i \tag{1-10}$$

式中,$I_i(i=1,2,\cdots,n)$ 为不同传播距离 $r_i(i=1,2,\cdots,n)$ 对应球面单位面积上的声强。若以距离声源 1m 处的声能为参考值,则声波传播至距离 $r_2$ 时,传播损失为

$$TL = 10\log_{10} r_2^2 \tag{1-11}$$

这种传播方式称为球面波传播,其传播的损失大小与距离的平方成正比。

# 第 1 章 绪 论

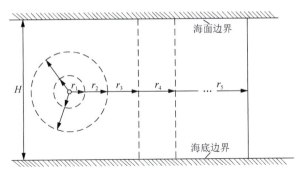

图 1-5 海洋环境中声波传播示意

当传播距离增大到 $r_3$ 时,声波接触到海面及海底所构成的上下边界。由于边界对声波无吸收作用,并且声能不能透过边界进行传输,声波只能沿着水平方向以柱面波的形式进行传播。此时,柱面上单位面积的声强为

$$I_3 = \frac{P}{2\pi r_3 H} \tag{1-12}$$

若以 $r_3$ 处作为 1m 参考位置,则 $r_4$ 处的传播损失为

$$TL = 10\log_{10} r_4 \tag{1-13}$$

由式(1-13)可知,声波在水声信道中的传播模式为柱面波形式时,其对应的传播损失与距离成正比。在分析声波在中等距离的传播损失及在声道轴传播的损失时,一般采用柱面波的传播模式对水声信道的传播损失进行估计。

假设声波传播上千公里以后,到达 $r_5$ 时,理论上,其传播模式仍为柱面波传播。由柱面波传播的表达式可知,当传播距离达到一定数值后,随着距离的增加,传播损失的变化很小。因此,不再考虑信号在水声信道中的传播损失,而认为此时的声压、声强都为常数,传播损失与距离无关。

声波在水声信道中的传播损失规律从宏观上描述了声波在近距、中等距离及远距离的传播损失情况,但从声波的球面波传播模式到柱面波传播模式的过渡有些生硬。从日常生活经验可知,在从球面传播模式到柱面传播模式过渡时,声波会在边界发生反射,使得边界反射波与水平传播的声波发生干涉。因此,需从声场干涉的角度对水声信道传播特性进行研究[30,31]。

当海面比较平静时,在水声场中就能够产生稳定的干涉图样,产生干涉现象信号由直达波与海面反射波构成,在水声场中的干涉称为洛埃镜(Lloyd Mirror)。如图 1-6 所示,假设 S 为无指向性的持续性正弦信号点声源。不考虑海水介质对声波的影响,以正弦信号为声源的 S 在单位距离处的声压可表示为

$$P = P_0 \sin(\omega t) \tag{1-14}$$

则 S 处的声波经过 $\tau_0$ 时间，传播了 $l_1$ 距离，然后到达接收点 R，则 R 处的声压可表示为

$$P_1 = \frac{1}{l_1} P_0 \sin \omega(t + \tau_0) \qquad (1\text{-}15)$$

同理，声波经过海洋表面 A 点反射后到达接收点 R 处的声压为

$$P_1 = \frac{\mu}{l_2} P_0 \sin \omega(t + \tau_1) \qquad (1\text{-}16)$$

式中，$\tau_1$ 为经过反射传播的时延；$l_2$ 为相对应的传播距离；$\mu$ 为由于海面反射声波产生的损失系数，其值一般与海面的平滑性有关，海面很平静时，$\mu$ 取值 1。两个声波在 $\tau_1$ 时间后会在 R 处产生干涉现象，在单位时间内的声强均值可表示为

$$I = \frac{P_0^2}{\rho c} \left[ \frac{1}{l_1} \sin \omega(t + \tau_0) + \frac{\mu}{l_2} \sin \omega(t + \tau_1) \right]^2 \qquad (1\text{-}17)$$

式（1-17）为干涉声场中声强 $I$ 的一般表达式，在实际场景中，为了方便估计水声信道，根据 $l_1$ 与 $l_2$ 的大小关系，将声场划分为三类：近场、干涉场和远场。

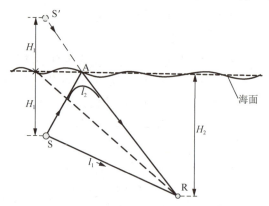

图 1-6 洛埃镜（Lloyd Mirror）原理

1）近场

当 $l_2 \gg l_1$ 时，由于水声信道 $l_2$ 的距离远大于 $l_1$，因此经过 $l_2$ 水声信道产生的传播损失远大于经过 $l_1$ 水声信道的传播损失，那么，计算接收点的声强时只考虑经过水声信道 $l_1$ 的声强，并且此时的水声信道传播模式为球面传播，则单位时间内接收点的声强可表示为

$$I = \frac{P_0^2}{\rho c} \frac{1}{l_1^2} \sin^2 \omega(t + \tau_0) \qquad (1\text{-}18)$$

根据 3dB 的衡量标准，当 $l_2 / l_1 = \sqrt{2}$ 时，在 R 处经过水声信道 $l_2$ 的声强为水声信

道 $l_1$ 的声强的一半，该距离恰好为近场的结束之处。

2）干涉场

令 $l_1=l_2=l$，假设反射系数为1，此时，声源 S 经过水声信道 $l_2$ 的声强与水声信道 $l_1$ 在接收点的声强相等，则声强表达式可简化为

$$I=\frac{P_0^2}{\rho c}\frac{1}{l}\left[\sin\omega(t+\tau_0)+\sin\omega(t+\tau_1)\right]^2 \quad (1\text{-}19)$$

若令自由场声源在单位距离处的强度为 $I_0$，对式（1-19）取时间平均值后则有

$$I=2\frac{I_0}{l^2}\left[1-\cos\omega(\tau_2-\tau_1)\right] \quad (1\text{-}20)$$

经过一系列的运算后，可得到干涉声场的强度表达式，即

$$I=2\frac{I_0}{l^2}-2\frac{I_0}{l^2}\cos\left(\pi\frac{4d_1d_2}{\lambda l}\right) \quad (1\text{-}21)$$

由于余弦函数为周期函数，因此从式（1-21）可分析出干涉声场的最大值与最小值，它们分别对应相长干涉与相消干涉。

3）远场

当声源 S 发出的信号在水声信道中传播很远时，传播距离很大，对式（1-21）进行泰勒级数展开，仅保留二次项，则有

$$I\approx 2\frac{I_0}{l^2}-2\frac{I_0}{l^2}\left(1-\frac{1}{2}\left(\pi\frac{4d_1d_2}{\lambda l}\right)^2\right)$$

$$=\frac{I_0}{l^4}\left(\pi\frac{4d_1d_2}{\lambda}\right)^2 \quad (1\text{-}22)$$

可知，此时声强的变化按距离的 4 次方衰减，若信号传输选择的水声信道为汇聚区，则传输 200~300km 后，信号的衰减就呈现随距离的 4 次方变化的规律。

## 1.5 声呐系统

### 1.5.1 声呐方程

"声呐"这一名词并无具体对应的事物，可认为它是泛指一类事物。该名词是一个缩略词，其来源与第二次世界大战期间人们使用"Radar"作为"Radio detection and ranging（无线电检测与测距）"的缩略词来源是相似的，"Sonar"是"Sound navigation and ranging"的缩略词。声呐意指一切利用声波进行导航与搜索定位功能的设施，因此只要涉及使用声波的活动，就可认为有声呐存在[1]。

声呐参数主要有声源级（SL）、噪声级（NL）、指向性指数（DI）、检测阈值（DT）、传播损失（TL）、目标强度（TS）。下面介绍其中的 5 种参数，检测阈值单独介绍。

### 1. 声源级（SL）

声源级是一个用来衡量声信号强弱的物理量，它被定义为

$$\mathrm{SL} = 10\log_{10} \frac{I}{I_0}\bigg|_{r=1} \quad (1\text{-}23)$$

式中，$I$ 为发声体声道轴方向上距离声源声学中心 1m 处的声强。对于主动声呐，该值为声源发射信号对应的声强；对于被动声呐，该值为目标辐射噪声的声强。通常会选择在一定的带宽范围内估计目标辐射噪声的能量强度。由于目标辐射噪声的远场特性与近场特性不同，在实践中常使用目标辐射噪声的远场特性，因此对于目标辐射噪声的测量，往往在远场进行测量，然后换算到目标中心 1m 处的声强。$I_0$ 为参考声强，在水声学中通常取均方根声压为 1μPa 的平面波的声强作为参考声强，其值约为 $6.7 \times 10^{-23}$ W/cm$^2$。

所谓的声学中心是指从远场观察时，声波的辐射是以球面波的形式传播的，从而得出球面波好像是从声源某一点发出的结论，该点便称为声学中心。从几何的角度可知，对于对称几何结构体，其几何中心往往与声学中心相一致；对于不规则结构或者复杂结构的声源，需要使用专门的测量设备进行确定。

### 2. 噪声级（NL）

由于海洋中存在大量的噪声源，如大规模鱼群游动时产生的噪声、洋流运动与海洋中的海山等障碍物相互作用产生的噪声、海面风浪产生的噪声等构成了海洋环境噪声。声呐在海洋环境中工作时，不可避免地会受到这些噪声的影响，NL 是用来衡量这些噪声强弱程度的物理量，它被定义为

$$\mathrm{NL} = 10\log_{10} \frac{I_N}{I_0} \quad (1\text{-}24)$$

海洋噪声在某些频带内比较明显，因此一般只选取某些范围内的 NL 进行研究。噪声都具有一定的分布特性，在计算时一般假设它是平稳的。

# 第1章 绪 论

### 3. 指向性指数（DI）

在实践中换能器总存在一定的指向性，并且在使用发射声源进行主动探测时，总是人为地在一些方向进行探测，因此发射声源往往当作具有特定指向性的声源。具有指向性的声源可把声能集中在某个方向，因此可以增加所探测信号的信噪比，在进行探测时可增加声呐系统的作用范围，提高探测概率。指向性指数定义如下：有两个相同发声功率的声源，分别为无指向性声源与有指向性声源，它们在同一位置发声，并且都在声道轴远场某一距离测量声场，若无指向性的声源测得的声强为 $I_{ND}$，有指向性声源测得的声强为 $I_N$，则指向性指数为

$$DI_T = 10\log_{10}\frac{I_N}{I_{ND}} \qquad (1\text{-}25)$$

声源的指向性指数越大，表明声能在某个方向的能量越强，探测信号的信噪比越高，声呐的性能越好。

### 4. 传播损失（TL）

由于在水声信道中存在海面和海底边界，因而会产生水声信道的多途效应。此外，海水中含有多种离子和粒子，因此，在海洋环境中海水对声波的吸收与散射作用也会导致声波在水声信道中传播的衰减。若把海面、海底和海水组成的水声信道看作一个系统，声波的发射点与接收点看作水声信道系统的输入与输出，则声传播损失可定义为

$$\text{TL} = 10\log_{10}\frac{I_1}{I_r} \qquad (1\text{-}26)$$

式中，$I_1$ 为距离声源等效声学中心 1m 处的声强，$I_r$ 为声波传播距离为 $r$ 处的声强，声传播损失表明了声波传播一定距离后声强的衰减情况。

### 5. 目标强度（TS）

利用主动声呐探测水下目标时，目标会反射回波，目标反射回波的强度除了与主动探测所用信号的频率和波形有关，还与目标的几何形状、尺寸和材料的物理特性有关。

目标强度被定义：选取反射声波方向上距离目标等效声学中心 1m 处的回波声强与目标处入射平面波的强度，对两者的比值取对数后再乘以系数 10，就得到目标强度，用数学关系可表示为

$$TS = 10\log_{10} \left. \frac{I_r}{I_i} \right|_{r=1} \quad (1\text{-}27)$$

目标强度表明目标反射信号的能力。为了对抗声呐的主动探测,当前水下目标都在想方设法减弱目标强度。由于水下目标一般为非规则形状,因此不同方向的反射信号能力有所不同,目标强度是空间方位的函数,在无特别说明的情况下,采用不同的入射角度,得到不同的反射波,这些反射波的强度就是目标强度。

一般而言,声呐系统由声源、水声信道和接收器 3 部分组成,各个部分在实际应用中又由若干小部分组成。图 1-7 为一种典型的声呐探测系统示意。

当声呐进行主动探测时,其发射的电信号经过换能器转换为声信号,声信号的声源级为 SL;声信号经过水声信道传播到目标上,其传播损失为 TL;信号遇到目标会产生反射回波信号,目标强度为 TS;目标反射回波信号再次经过水声信道传播到换能器上,在传播过程中又存在一次传播损失 TL。此时,换能器作为水听器接收目标反射回波信号,由于海洋环境中存在各种噪声,因此水听器同时也会接收到海洋环境噪声,其声源级为 NL。由于水听器一般存在指向性指数 DI,因此接收到的海洋环境噪声会有所减弱。水听器把接收到的物理信号转换为微弱的电信号,该信号经过放大与处理,然后被显示出来。观察者根据信号的显示情况,结合检测阈值判断水下某处是否存在目标。当判定存在目标时,闭合继电器开关,然后执行后续动作。当进行被动探测时,换能器作为水听器,而目标自身作为信号源,会发出声信号。

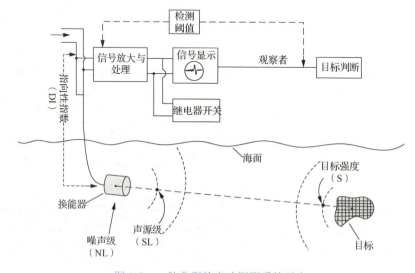

图 1-7　一种典型的声呐探测系统示意

# 第1章 绪　论

根据声呐探测过程的不同,可得到主动声呐方程与被动声呐方程。

主动声呐方程：
$$SL - 2TL + TS - (NL - DI) = DT \tag{1-28}$$

被动声呐方程：
$$SL - TL - (NL - DI) = DT \tag{1-29}$$

主动声呐方程的声源级 SL 为发射声波的声源级,被动声呐方程中的声源级 SL 为被探测目标自身工作产生的噪声信号。两种声呐方程等号左侧表明了声呐系统能接收到的信号声源级,而等号右侧表明声呐系统能够探测到目标信号时所需的最小信号声源级,若接收到的信号声源级小于声呐系统设置的阈值,则不能对目标的存在与否进行可靠判定。声呐方程描述了声波在水声信道传播过程中的变化情况和声呐系统受外界的影响,给检测阈值的设置提供了理论指导。上述两种声呐方程为声呐方程的一般表达式,在某些情况下,会对声呐方程做一定的调整。例如,在混响情况下,声呐方程中会加入混响级（RL）。但无论如何,声呐方程的本质都不会改变,都是用来描述声波在水声信道中的传播与环境噪声之间的关系。

## 1.5.2　声呐方程的检测阈值

在声呐参数中,大部分参数都可直接或间接测得,唯有检测阈值的设置比较复杂,检测阈值设置得合适与否直接决定了目标的检测概率。若把检测阈值设置得过高,则虚警概率降低,但是漏报率提高；若把检测阈值设置得较低,虽然漏报率降低了,但是虚警概率增大。因此,设置合适的检测阈值不但能降低虚警概率,而且能提高检测概率[32,33]。

对于检测阈值的选择,大多数情况下都需要一定的先验信息,即基于先验信息设定检测阈值。这种经验阈值在测试环境稳定的条件下可正常使用,并且在实际应用中也产生了很好的效果。如果设定检测阈值时的一些理想条件发生了变化,那么依据先验信息设定的检测阈值就无法正常使用。DT 一般是在一定的检测概率（PD）与虚警概率（PFA）条件下设置的,通常被定义为信噪比,它是能够对信号进行检测的最小信噪比,其计算式为

$$DT = 10\log_{10} S/N \tag{1-30}$$

式中,信号能量 $S$ 与噪声能量 $N$ 应针对具体的环境进行计算,带宽的选择可能因为主动或被动探测而有所不同。采用不同的数据处理方法,也会给检测阈值的计算带来影响。

探测指数 $d$ 与 DT 的设置有密切关系，其被定义为

$$d = \frac{[E(S+N) - E(N)]^2}{V(N)} \tag{1-31}$$

式中，$E(·)$ 表示平均计算，$V(·)$ 表示方差。

探测指数表征了在噪声中能够观察到信号的难易程度，它与噪声的分布特性有密切关系。

在主动探测中，探测指数 $d$ 与信噪比的关系为

$$d = 2E_0/N_0 \tag{1-32}$$

式中，$E_0$ 为接收到的信号能量，$N_0$ 为单位频带内的噪声能量。

在被动探测中，探测指数 $d$ 与信噪比的关系为

$$d = \omega t(S/N)^2 \tag{1-33}$$

式中，$\omega$ 为带宽，$t$ 为信号的持续时间，则被动探测中检测阈值的表达式为

$$\text{DT} = 5\log_{10} d\omega/T - 5\log_{10}(ndl) \tag{1-34}$$

式中，$T$ 为时间频率图（LOFAR）中每条线显示的更新时间，$ndl$ 为显示更新的数目。

在实际应用中，由于噪声的概率密度函数表达式有所不同，其可能呈现瑞利（Rayleigh）分布、指数分布、$\chi^2$ 分布、莱斯分布和高斯分布（正态分布）等，从而会影响探测指数和 DT 的计算。探测指数的计算一般多采用计算式进行计算，其与探测概率（PD）及虚警概率（PFA）有密切关系。一般情况下，$\text{PD} = 0.5$，$\text{PFA} = 10^{-4}$。在保证 PD 稳定的条件下，检测阈值越小，说明声呐系统的性能越好。积分时间对检测阈值也会产生影响，在这段时间内，人员在观察时间频率图中的曲线时因疲惫等人为因素产生误差，需对检测阈值进行相应的调整。信号经过具有一定带宽系统时，系统也会对该信号带宽造成影响。此外，在高斯模型的假设条件不够充分的情况下，需对相关数据进行修正。例如，平滑失配、计算目标反射回波信号的频移和噪声非平稳性产生的影响、水听器位置偏差、傅里叶快速变换（FFT）重叠区域的大小、积分时间的长短、设备之间的不匹配等客观因素。相关累计求和、非相关累计求和、互相关方法等被广泛应用于 DT 计算。

检测阈值的设定需与整个探测系统联系起来，分析不同环节对 DT 的影响。观察人员从时间频谱图中对目标进行检测时，要最大限度地避免各个环节人为因素对目标判定的影响。从信号接收开始，一直到判定目标的有无，应充分考虑检测阈值的设定及其修正。对于未知形式的微弱信号检测采用平方律检测器，对于已知形式的信号检测采用相关法检测。使用这两种方法对数据进行分析能取得很好的效果，从而实现信号的检测。这两种方法本质上是一种平均累计检测方法，即在一段时间内对信号进行检测。

## 1.5.3 噪声与混响环境下检测阈值的设置

水下噪声是存在于水声信道中的背景干扰,会对声呐的探测工作产生干扰,限制声呐系统性能的发挥。水下噪声包括海洋环境噪声、目标(舰船、潜艇、鱼雷等)辐射噪声和目标自噪声,这3种噪声对声呐系统有着不同的影响。其中,海洋环境噪声和目标自噪声是声呐系统的主要干扰背景。环境噪声就是海洋的本体噪声,它是用指向性水听器测量得到的海洋总噪声背景的一部分。混响也是声呐系统需解决的一个重要问题。海洋及其界面包含许多不同类型的介质(散射体),大到海中的生物,小到不均匀且如灰尘般大小的粒子,这些海洋中的介质形成物理上不连续的散射体,会对声波产生一定的散射作用,所有散射体散射的声能在某一时刻某一位置叠加称为混响。

产生混响的散射体大致可分为体积混响、海面混响和海底混响3类:

(1)深海中存在众多的不均匀"水团"、分层、深海生物圈和海生物圈和海底逸出气泡等,这些散射体对入射声信号的散射构成子体积混响。海洋生物/非生物体及海水自身的不均匀性结构就是引起体积混响散射体的部分因素。

(2)海面混响是由位于海面上或者海面附近的散射体产生的。

(3)海底混响是由海底或者海底附近的散射体所引起的[34]。

声呐方程中的能量主要由两部分组成,一部分是有用的信号能量部分,另一部分为无用的背景噪声或者海洋混响。声呐方程中的背景噪声及海洋混响是随着距离不断变化的,因此不同的距离对应的声呐方程参数也不同。图1-8所示为回

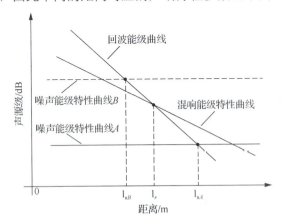

图1-8 回波能级特性曲线之间的、混响能级特性曲线之间的及噪声能级特性曲线之间的关系

波能级特性曲线、噪声能级特性曲线及混响能级特性曲线之间的关系[1]。由图可知，在这种情况下，回波能级与混响能级随着距离的增加会减小，而噪声能级为常量。回波能级的衰减速率大于混响能级的衰减速率，临界距离为 $l_r$，回波能级与噪声能级的临界距离为 $l_{nA}$ 或者 $l_{nB}$。

由于混响能级特性曲线与噪声能级特性曲线的斜率明显不同，因此在较短距离时回波能级比较高，当距离大于 $l_r$ 时，混响能级将高于回波能级，使得回波信号"淹没"在混响中。不同环境中的噪声能级有可能不同，因此噪声能级的临界距离有可能小于混响能级的临界距离，如 $l_{nB}$，噪声能级的临界距离有可能大于混响能级的临界距离，如 $l_{nA}$。当噪声能级为曲线 $B$ 时，此时为噪声限制环境。当噪声级为曲线 $A$ 时，此时为混响限制环境。在实际环境中，由于多途效应及传播损失等的存在，特性曲线往往都不是直线，不同的环境需进行实地测量。

混响能级的大小与混响谱级及混响的持续时间有关，在混响限制条件下，接收端的混响能量可表示为

$$R = U_R t \tag{1-35}$$

式中，$U_R$ 与环境参数、发射及接收的声波方向特性有关，$t$ 为信号的持续时间。

混响谱级 $R_0$ 为

$$R_0 = U_R t / \omega_R \tag{1-36}$$

式中，$\omega_R$ 为混响的有效带宽。把混响的能量进行归一化处理后，就可把混响视作平稳过程，则混响条件下的主动探测过程的探测指数为

$$d = 2\omega_R (S / U_R) \tag{1-37}$$

对于混响限制环境，主动探测过程的检测阈值为

$$DT_R = 10 \log_{10}(d / 2\omega_R) \tag{1-38}$$

由式（1-38）可知，混响限制环境下的主动检测过程的检测阈值与带宽成反比，因此，为了降低检测阈值，提升声呐系统的性能，选择的带宽应尽可能窄。对于单频信号，信号的带宽与信号的持续时间近似成反比，因此主动探测的发射信号持续时间应尽可能短。

噪声限制环境下主动探测过程的检测阈值为

$$DT_N = 10 \log_{10}(d / 2t) \tag{1-39}$$

为了降低检测阈值，主动探测的发射信号持续时间应尽可能长。对于单频信号，发射信号的持续时间很难选择。线性调频信号既具有较长的持续时间，又具有较宽的频带范围，把它作为主动探测的发射信号，能够同时降低 $DT_R$ 与 $DT_N$，从而提升声呐系统的性能。

# 第1章 绪 论

## 本 章 小 结

本章主要对水声学的基本知识进行简要说明,同从物理学的角度对水声传播的一些规律进行说明。首先,对水声学中常用的基本单位——分贝(dB)进行说明,分析其在水声学中的使用优势;对水声学中的参考声压进行了说明,并给出了不同时期参考声压之间的转换关系;对水声的声速剖面特性曲线进行了分析,针对实验数据说明了声速剖面的变化特点。其次,针对水声信道估计中常用的几种水声信道模式,基于射线模型绘制了不同水声信道的声线传播示意图;然后从物理学的角度,对水声传播的传播扩展规律进行了分析说明,分析了水声传播的近场、干涉场和远场的计算方式。最后,针对水声中的声呐系统,结合声呐系统示意图,对声呐方程进行了解释说明;针对检测阈值的设置问题,系统地分析了声呐系统中的相关环节对声呐检测阈值的影响,并对混响与噪声环境下的检测阈值设置问题进行了分析说明。

# 第 2 章 水声信道的基本物理特性

声音在海洋中的传播很容易受到海面和海底等边界的影响，传播多途效应就是这种影响下的一个直接结果。受多途传播的影响，声音在海洋中的传播产生了时延，导致接收到的声音信号持续时间长于信号的发射时间。本章将在第 1 章分析的基础上，对水声信道声波传播的特性进行分析，并给出多途信道的系统函数，针对主动探测过程中水声信道的传播特点，使用匹配滤波器对接收的水声信号进行处理。

## 2.1 海面水声信号的传播特性

海面作为水声在海洋中传播的上边界，对水声的传播起到了很大的作用，是水声传播多途效应的一个重要影响因素。把海面看作一个平面时，空气与海水的阻抗分别约为 $0.425\Omega$ 和 $1500\Omega$，对于垂直入射到海面的声波，海面声波反射系数为-0.9994，海面的传播损失很小。因此，在进行理论分析时，常常把海面看作绝对软边界[35,38]。实际上，海面并不是通常假设的平面，由于海水受重力波和表面张力波的影响，海面常常存在不同程度的海浪，从而产生表面波动层和气泡混合层。在这两层的影响下，海面声波反射系数变为-0.9 左右。从数值上看，虽然声波单次反射系数变化不大，但对于长距离的传播，经过海面的多次反射后，声波在海面水声信道的衰减相当明显。经简单估算，声波经过 7 次海面反射后，平静海面与波动海面的反射损失相差 3dB。

由于海面波动会对声波的传输产生明显的影响，因此海面波动对水声信道估计的影响不容忽视。在大多数水声应用情况下，特别是在声源或接收器距离海面比较近的情况下，海面的散射和反射对声波的传播会产生显著的影响[39,41]。此外，海水中含有多种离子，这些离子对不同频率的声波具有不同的吸收传播损失。在海浪高度约为 0.3m、声源频率为 25kHz、声波的海面掠射角为 3°～18°的情况下，海面的声波反射损失约为 3dB；在海浪高度低于 0.3m、声源频率为 30kHz、声波的海面掠射角为 8°的情况下，海面的声波反射损失也约为 3dB。随着声源频率的降低，海面的海浪高度相对于声波的波长变得更小，海面更加平坦，此时海面的

## 第 2 章 水声信道的基本物理特性

声波反射系数增大。

海面粗糙度可用瑞利参数表示，即

$$R = kH\sin\theta \tag{2-1}$$

式中，$\theta$ 为声波的海面掠射角，$k$ 为波数，$H$ 为高波高度的均方根。当 $R \ll 1$ 时，海面可作良好的反射面，此时，海面的声波入射角等于声波反射角，可产生相干反射；当 $R \gg 1$ 时，海面是一个散射面，会朝各个方向散射声波。海面的声波反射系数 $\mu$ 被定义为海面反射波的幅度与入射波幅度的比值。在理论分析中，可把海面的声波反射系数简单地表示为

$$\mu = \exp(-kH\sin\theta) \tag{2-2}$$

由于在实际应用中，主动声呐的发射信号频率是由该海域的传播损失特性决定的，因此当信号频率一定时，$k$ 为固定值。海面声波反射系数与 $H$ 及 $\theta$ 的关系如图 2-1 所示。图 2-1（a）为海面声波反射系数与声波的海面掠射角及海浪高度均方根之间的关系，由图可知，在声波的海面掠射角很小或者海面浪高均方根很小时，海面的声波反射系数较大。在理想情况下海面声波反射系数的最大值可近似为 1，与上述的讨论结果一致。当其中任何一个变量增大时，海面声波反射系数都会按指数级快速下降。图 2-1（b）为海面声波反射系数为 0.5，即海面声波反射损失为 3dB 时，声波的海面掠射角与海浪高度的均方根之间的关系。从图中可以看出，当海浪高度的均方根低于 0.7 时，不论声波的海面掠射角取何值，海面对声波的反射系数都不小于 0.5。

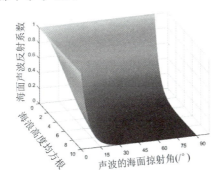

（a）海面声波反射系数与海浪高度的均方根及声波的海面掠射角的关系

图 2-1 海面声波反射系数与海浪高度的均方根和声波的海面掠射角之间的关系

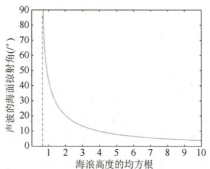

(b) 海面声波反射系数0.5时的海浪高度的均方根和声波的海面掠射角之间的关系

图 2-1　海面声波反射系数与海浪高度的均方根和声波的海面掠射角之间的关系（续）

　　海水波动除了具有水平方向的运动，还有上下方向上的起伏。海面起伏会使声波自身发生叠加，使得信号的频谱特性发生偏移。正如移动目标所具有的多普勒频移一样，海水波动导致水声信道的频域特性发生偏移，会使单频信号的频谱受到影响，特别是对于窄带水声通信系统的影响尤为显著[42,44]。图 2-2 所示为海面波动效应。图 2-2（a）为海面波动对单频信号的时域特性影响示意，海面波动会使得接收的信号幅值发生变化，信号的频谱特性也会产生偏移。图 2-2（b）为不同海况下（对应的海面波动不同）海面反射信号的频谱偏移，实线为海面波动较低时的频谱偏移，虚线为海面波动较高时的频谱偏移；通过对比可以发现，海面波动对水声信号的影响较大，反射信号的频谱有明显的偏移，该偏移主要来自海面的波动。图 2-2（c）所示为某一海况下的海面波动的频谱特性。

　　相关统计数据表明，在多次测量实验中，约 10%的实验测得的反射损失大于 10dB，约 10%的实验测得的反射损失小于等于 3dB，剩余的大部分反射损失为 3～10db。即使信号的频率很低，但对于较大的掠射角，信号的反射损失依然存在。

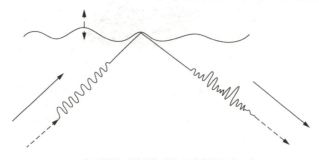

(a) 海面波动对单频信号的时域特性影响示意

图 2-2　海面波动效应

## 第 2 章 水声信道的基本物理特性

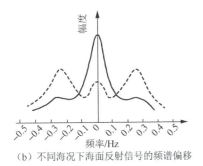
（b）不同海况下海面反射信号的频谱偏移

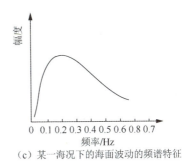
（c）某一海况下的海面波动的频谱特征

图 2-2 海面波动效应（续）

因此，在实践中，海面的反射损失对水声信道特性的影响不仅与发射信号的频率有关，还与水声信号的掠射角和海面波动情况有关。

## 2.2 海底水声信号的传播特性

海面与海底作为海洋的上、下边界，它们有着相似的性质。例如，对声波都有反射与散射作用，也会产生声影区。如图 2-3 所示为海底对声辐射的影响，声源距离海底 500m，声波发射角范围为 -20°～20°。从图 2-3 中可明显地观察到两个声影区，左上方的声影区主要是由于声波发射角较小造成的，右下方的声影区主要是由于海底对声线的反射作用造成的，大约在 13km 处声影区开始产生。该声源以海底为对称面，也存在 Lloyd Mirror 效应。

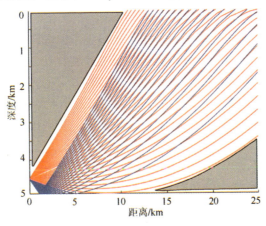

图 2-3 海底对声辐射的影响

海底的分层结构和海底介质的复杂性使海底对声波的作用有独特性。海底的组成复杂，如包含石头、泥沙、细沙等[46,50]。海底又具有明显的分层特性，海底的密度和声速剖面都会随着深度的变化而变化。因此，海底的反射损失往往大于海面的反射损失。

若将海底界面看成液-液半空间，海底分层介质中的水声传播示意如图2-4所示。声波的掠射角为$\beta$，两层空间的介质密度和声速分别为$\rho_1$、$\rho_2$、$c_1$和$c_2$，根据瑞利计算公式，可得到反射声波的强度，即

$$I_r = I_i \left\{ \left[ \frac{m\sin\beta_1 - n\sin\beta_2}{m\sin\beta_1 + n\sin\beta_2} \right]^2 + \left[ \frac{m\sin\beta_1 - \sqrt{(n^2-\cos^2\beta_2)}}{m\sin\beta_1 + \sqrt{(n^2-\cos^2\beta_2)}} \right]^2 \right\} \quad (2-3)$$

式中，$I_i$为入射声波的声强，$\beta_1$、$\beta_2$分别为入射声波掠射角、折射声波掠射角，$m = \rho_2/\rho_1$，$n = c_1/c_2$。

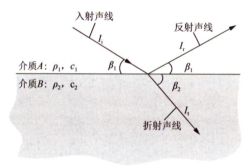

图2-4 海底分层介质中的水声传播示意

由式（2-3）可以看出，海底反射声波的声强不仅与声波掠射角和分层空间的介质密度有关，还与声速在不同介质中的传播速度有关。图2-5是4种情况下的海底声波反射系数与声波掠射角之间关系。其中最常见的是图2-5（c）所示的关系，在海底反射面中存在一个临界角$\beta_0$，当掠射角小于该值时，信号发生全反射，即信号在该水声信道中传播时，不存在传播损失。在某些软泥海底中的声传播速度小于海水中的声传播速度，因此会存在一个透射角$\beta_B$，即水声信号全部透过海底介质进行传输，不会有海底界面的反射信号进入水中。

上述关于海底声波反射系数的分析，并没有考虑海底介质对声波的吸收特性。实际情况下，海底介质对声波的吸收特性不容忽略。图2-5（c）中的虚线为海底吸收对声波反射系数的影响，其变化比较平稳。因此，在实践中海底声波反射系数随着掠射角的变化而平稳变化，其值不会发生突变[51-54]。

# 第 2 章 水声信道的基本物理特性

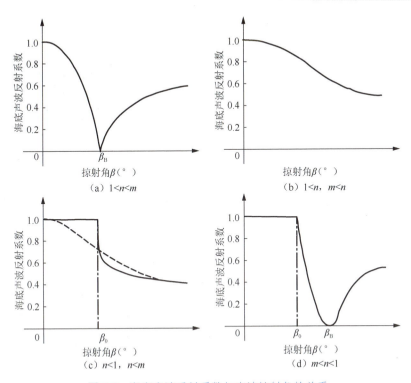

图 2-5 海底声波反射系数与声波掠射角的关系

经过大量的实验测试,测得海底沉积层对纵波的吸收损失 $\alpha$ 与声波的频率的关系,其表达式为

$$\alpha = h_0 f^n \qquad (2\text{-}4)$$

式中,$h_0$ 与 $n$ 为经验数值,频率的单位为 kHz,海底吸收损失的单位为 dB/m,对于沙子、泥沙、泥土之类的物质,对应的 $n$ 值较为一致。$k$ 的取值与海底介质的空隙有密切关系,当孔隙率为 35%～60% 时,$k$ 取近似值 0.5。如果把海底看作同源吸收流体空间,那么海底的声波反射系数只与海底密度、声速和衰减系数有关;如果海底由沉积物质构成,那么海底声波反射系数还与介质的空隙有关。

在真实情况下,海底对声波的反射特性远比上述情况复杂。就海底的地形而言,它与陆地的地形没什么特殊的差异,也存在海山、海沟和海底平原等。因此在,大多数情况下海底并不平坦。例如,太平洋中部就存在海脊,入射到该处的声波主要以散射的形式返回海洋,从反射的声波中不能观察到明显的信号峰值,即不能确定信号的方向。因此,海底的 $m$、$n$ 值和表面粗糙度共同决定了海底对入射声波的作用。图 2-6 为不同海底界面对声波的影响,它反映了入射声波在海底作用下，返回海水的大小和方向性特点。

在图2-6（a）和图2-6（b）中，水体阻抗与海底阻抗的差别较大。图2-6（a）所示为光滑高阻抗海底界面，光滑海底界面反射入射声波的能力较强，仅有少部分的能量散射到其他方向。而图2-6（b）所示的粗糙高阻抗海底界面反射声波无明显的方向性，这种海底介质是受海水长时间冲刷造成的。在这两种情况下，只有少量声波入射到海底。图2-6（c）、2-6（d）为水体阻抗与海底阻抗比较接近时，海底对入射声波的作用特性，此时有较多的能量透射到海底，因此声波的反射与散射作用明显减弱。图2-6（c）为死水区或水流较平静的区域。

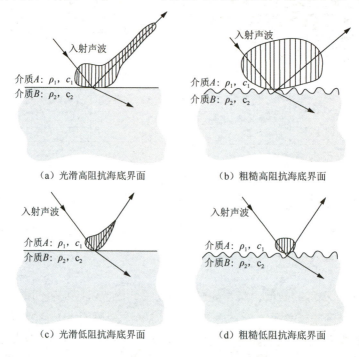

图 2-6　不同海底界面对声波的影响

由于海底是长时间累积形成的结果，因此海底具有明显的分层特性。海底采样结果表明，大部分的沉积层海底都具有分层结构，并且不同层之间的底质特性也有所差别，这种海底结构有利于声波的反射。海底分层结构所带来的声速梯度也会对声波的传播产生影响[56-61]，海底声速梯度随着深度的增加，因此声速不断增大，介质折射率不同，使声波传播方向发生弯折，最终进入海洋中，这种情况有利于低频声波在海洋中的传播。

# 第 2 章 水声信道的基本物理特性

由海底水声信道对声波传播的影响可知，当水声信号的频率一定时，声波的掠射角、海底吸收损失、海底的粗糙度和分层结构都会对海底水声信道的传播产生影响。

## 2.3 水声传播的多途效应

任何声源都是点声源的一部分或是点声源的部分组合，因此声波在传播过程中，在一定的空间区域内，可看作波振面的扩展，声波传播方向上波振面的法向切线称为声线，一般采用声线研究声波的传播。由于声源发出的声波具有一定的发射角，在不考虑水声剖面的情况下，声线并不在某一方向传播，而在一定的角度内传播。由声线传播的射线模型可知，入射到海洋边界的声线，不仅在界面上产生反射和散射，而且在长距离传输时还会透过底层向上折射进入海洋，在某点被接收器接收到信号。图 2-7 所示为某一深度处的声源 S 所发射声波传播的多途效应。

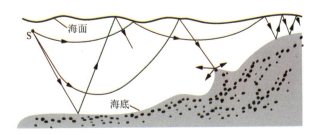

图 2-7　声波传播的多途效应

同一时刻发射的声波，会经过不同的传播路径最终达到某一个接收点。在不考虑声速梯度的情况下，直达波的传播时间最短。而经过海底或海面反射的声波，经过的反射次数越多，传播到某个特定点所经过的路程就越长，传播时间就越长。透过海底底层向上折射进入海洋的声波往往需要经过较长的传播距离，才能最终折射出海底。因此，从声波发射的信号经过水声信道的传输到达接收器时，信号的时域特性发生了明显的变化。

实际上，声波的传播损失往往很大，除了自身传播的扩展方式，还会受到传播介质的吸收作用。一般情况下，直达波的传播路径短，所以传播损失也较小。经多途传播的信号传播损失多，如界面的反射、反射的方向性（方向性差时，可认为是散射方式）、反射界面的吸收、透射等，可见，经过多途水声信道传播的信号到达接收器的能量损失比较严重。距离越远，多途传播的信号能量越弱；传播途径越复杂，传播损失也越大。因此，一般情况下，接收器接收到的信号主要为直达波成分，在近距离内，接收的信号中多途信号比较明显，随着距离的增加，多途信号在接收信号中的比例不断减少，最终有可能无法观测到经多途水声信道传播的信号。

由于声波的发射角不同，信号的传播路程也不同，因而到达接收器的时间不同。在水声信号中存在声速剖面，不同深度的声速往往不同。若将深海声道轴作为水声信道进行水声信号的发射与接收，可明显地观察到声速剖面对水声信号传播的影响。在图1-4（c）中，深海声道轴的深度为1300m，若在相同的深度和一定距离处布置接收器 R，对于较小的声源发射角，声线经过多次折射进行传输，最终到达接收。距离声道轴不同的深度，声线的传播速度不同。在声道轴传播的声线虽然距离接收器的路程最短，但其所在深度的传播速度也较小，同时受声速梯度影响，不断发生折射。因此，围绕声道轴传播的声线，其到达接收器的传播路程虽长，但传播的声速大于声道轴的声速。掠射角较大的声线围绕声道轴向前传播时，由于传播的路程长，其受海水的吸收损失较大；掠射角较小的声线在声道轴进行传播时，传播路程短，海水的吸收损失小。因此，受声速剖面的影响，接收器首先接收到的是围绕声道轴传播的声线，传播距离越远的声线往往最后到达接收器。

## 2.4　水声信道的选择性衰落

在水声通信中，接收信号的特性可通过信道衰落过程的频域特性、时域特性、空域特性来描述。这3个特性分别对应多普勒扩展、时延扩展和角度扩展。根据信号参数（带宽，码元宽度、码元间隔等）和信道参数（相干带宽、相干时间等）之间的关系，不同发射信号将产生不同类型的衰落，具体包括时间、频率、空间选择性衰落，简称扩展。具体来讲，有如下几种关系[62]。

频域特性：多普勒扩展，用相干时间描述，对应时间选择性衰落。
时域特性：时延扩展，用相干带宽描述，对应频率选择性衰落。
空域特性：角度扩展，用相干距离描述，对应空间选择性衰落。

发射器与接收器之间的相对运动引起的接收信号的频率偏移是产生多普勒频移的主要原因，此外，其他导致多普勒扩展产生的因素有水介质的运动，如海面风浪和海中湍流。相干时间是定量描述多普勒扩展的一个重要参数，它被定义为两个时刻信道冲激响应处于强相关条件下的最大时间间隔 $T_{\text{coh}} = 1/f_{\text{m}}$，其中 $f_{\text{m}}$

为最大多普勒频移。相干时间是信道随时间变化快慢的一个测度，相干时间越大，信道变化越慢，反之越快。从衰落的角度看，多普勒扩展引起的衰落与时间有关，因此也称为时间选择性衰落。根据衰落快慢过程可分为快衰落和慢衰落；如果基带信号带宽比多普勒扩展大很多，时间选择性衰落可忽略不计，此时是慢衰落；否则，为快衰落，这时应考虑多普勒扩展的影响。若信号的采样时间间隔小于相干时间，则信号的相关性很好，信道的衰落特性曲线是平坦的；反之，信道呈现时间选择性衰落。

在水声通信中，由于多个途径传输信号的时间不同，造成接收信号时域波形有拖尾现象，称为时延扩展。通常，接收信号为各个途径到达信号之和。采用相干带宽可对时延扩展引起的频率选择性衰落进行定量描述，它被定义为两个频率处信道的频率响应保持强相关条件下的最大频率差。相干带宽与信号带宽之比越小，信道频率选择性越强；反之，越弱。若信道的带宽很大，大于发射信号的带宽，则在该带宽内几乎有相同的增益和线性相位响应，接收信号的频率选择性衰落为平坦衰落。此时信道的多途效应没有引起接收信号谱特性的变化，但由于增益扰动而导致信号强度有时变性，平坦衰落信道又称为幅度变化信道或窄带信道。

声波在水声信道传播中，能量主要集中在扩展角度范围内，在此角度内接收的信号强度大，这是由于角度扩展引起的空间选择性衰落。通常采用信道的相干距离来定量描述角度扩展，相干距离被定义为两个阵元上信道响应保持强相关的最大空间距离，相干距离越大，角度扩展越小，接收的信号能量越集中，不同空间位置的角度扩展也不同。在不同接收点接收同一声源产生的声场，只要两个接收点距离足够远，衰落几乎是独立的。

## 2.5　多途信道的系统函数

由上述分析可知，声波在水声信道中传播时，水声信道会对声信号的能量和声信号的波形产生影响。若把水声信道看作一个系统，则该系统会使信号的幅值与相位产生变化。由于水声信道直接受变换的海洋环境影响，因此，一般情况下，可把水声信道看作一个时变、空变的信道。若把水声信道看作一个滤波器，则应是时变、空变的滤波器。就该滤波器的特性而言，在短时间内，一般可近似看作时不变系统，在海况较好时，在长时间内可看作缓慢时变系统。因此，对于实际海洋信道能否近似为某种系统，应结合海洋环境的变化情况和所研究问题对水声信道变化的敏感度进行确定。若信号发射位置和接收点位置不变，水声信道的边界也稳定不变，不考虑海洋中的生物等对声波传播产生的影响，则声波会在海洋空间中产生稳定的干涉条纹，因此在不同的位置，接收到的信号波形也会有所不同。当声源发射位置和接收位置确定时，产生稳定干涉，此时水声信道可看作时不变系统。

根据射线理论模型，从声源发射的声线经过不同的途径进行传播。声场某点的声能是从该点经过的所有声线的叠加，即传播叠加，当声波沿着第 $i$ 途径传播到达某点时，信号幅度为 $A_i$，传播时延为 $\tau_{0i}$。若忽略海水介质对声波传播的影响，则当声源发出一个脉冲信号时，沿着多途径传播的声波到达某点时，具有一定的时延。若传播过程中信号的波形不变，则相干多途信道的系统函数可表示为

$$h(t) = \sum_{i=1}^{N} A_i \delta(t - \tau_{0i}) \quad (2-4)$$

由式（2-4）可知，水声信道的冲激响应函数即声源发出的 $\delta$ 脉冲信号在某点的传播叠加。

对式（2-4）进行傅里叶变换，则有

$$H(f) = \sum_{i=1}^{N} A_i e^{-j2\pi f \tau_{0i}} \quad (2-5)$$

把具体的海洋环境参数，如水深、声速剖面、声源发射和接收位置代入式（2-5），即可求得相干多途信道系统的频域响应特性。

式（2-4）和式（2-5）是把海洋水声信道近似为时不变系统，这是一种理想的近似模型，在实际使用中应考虑海洋环境的时变性。若把水声信道看作一个系统，则海洋边界、声速剖面、声源的发射和接收位置等都是该系统的参数，任何一个参数变化时，系统的特性都会发生变化。大量的实验结果表明，水声信道的系统函数对系统参数——海洋环境参数的敏感性因素包括垂直方向变化、水平层厚度变化、水平层位置变化和声速剖面变化。

在实际测量中，在某时刻或很短的某段时间内接收到的声波往往是相干叠加的结果，因此研究相干多途信道系统的特征具有重要的意义。相干多途水声信道系统的主要特点如下：

（1）水声信道是时变的。海洋环境参数变化时，水声信道的特性会发生改变，并且不同的海洋环境参数对水声信道的影响特性是不同的，在实际使用中应根据具体的海洋环境对参数进行分析。对水声信号进行处理的系统也应具有自适应特性，以适应海洋环境参数的变化。

（2）水声信道的传输特性类似梳状滤波器，其相频特性为非线性变化。平均

## 第 2 章 水声信道的基本物理特性

子通道的宽度与水平层的厚度和声速剖面等有关，海洋波导越薄，其对应的平均子通道越宽。

## 2.6 水声信号的匹配滤波处理

使用主动声呐进行水下目标的探测和通信，发射信号的波形是已知的。当声波在海洋中进行远距离传播时，接收端接收到的信号信噪比往往较低，从时域信号中根本无法观测到发射的信号。因此，需要一种能够在低信噪比环境下对水声信号进行检测的方法。匹配滤波器是一种使输出信噪比达到最大的处理器，其最大的优势是在低信噪比环境下对信号进行检测。因此，常常采用匹配滤波的方法进行水声信号处理，特别是对线性调频信号处理。

若线性滤波器的系统函数为 $H(w)$，冲激响应为 $h(t)$。若滤波器的输入波形为

$$r(t) = s(t) + n(t) \qquad (2\text{-}6)$$

式中，$s(t)$ 为已知信号，$n(t)$ 为零平均平稳噪声，则线性系统对输入信号的响应为

$$r_0(t) = s_0(t) + n_0(t) \qquad (2\text{-}7)$$

滤波器输出噪声的平均功率为

$$E[n_0^2(t)] = \frac{1}{2\pi} \int_{-\infty}^{+\infty} |H(\omega)|^2 G_n(\omega) \mathrm{d}\omega \qquad (2\text{-}8)$$

式中，$G_n(\omega)$ 为输入噪声的功率谱密度，$\omega$ 为频率；$H(\omega)$ 为信道冲激响应频域函数。若滤波器输出信号 $s_0(t)$ 在 $t = t_0$ 时刻出现峰值，则有

$$s_0(t_0) = \frac{1}{2\pi} \int_{-\infty}^{+\infty} H(\omega) S(\omega) \mathrm{e}^{-\mathrm{j}wt_0} \mathrm{d}\omega \qquad (2\text{-}9)$$

滤波器的输出信噪比为输出信号峰值功率与输出总噪声平均功率之比，可表示为

$$d^2 = \frac{s_0^2}{E[n_0^2(t)]}$$

$$= \frac{\left[\dfrac{1}{2\pi}\int_{-\infty}^{+\infty} H(\omega)S(\omega)\mathrm{e}^{-\mathrm{j}\omega t_0}\mathrm{d}\omega\right]^2}{\dfrac{1}{2\pi}\int_{-\infty}^{+\infty} |H(\omega)|^2 G_n(\omega)\mathrm{d}\omega} \qquad (2\text{-}10)$$

根据施瓦尔兹（Schwarz）不等式及帕塞瓦尔（Parseral）定理可有

$$d^2 \leqslant \frac{1}{2\pi} \int_{-\infty}^{+\infty} \frac{|S(\omega)|^2}{G_n(\omega)} \mathrm{d}\omega \qquad (2\text{-}11)$$

当且仅当

$$H(\omega) = \frac{\alpha S^*(\omega)}{G_n(\omega)} e^{-j\omega t_0} \quad (2\text{-}12)$$

式（2-11）中等号成立。对于白噪声背景的信号，匹配滤波器的系统函数为输入信号频谱的复共轭乘以因子 $e^{-j\omega t_0}$。

在一般情况下，采集到的噪声往往为有色噪声，此时式（2-11）为有色噪声的匹配滤波器，即所谓的广义滤波器，它能使输出信噪比达到最大，即

$$d^2 = \frac{1}{2\pi} \int_{-\infty}^{+\infty} \frac{|S(\omega)|^2}{G_n(\omega)} d\omega \quad (2\text{-}13)$$

当输入匹配滤波器的噪声功率谱密度为 $G_n(\omega) = \frac{N_0}{2}$ 时，匹配滤波器的系统函数为

$$H(w) = \frac{2\alpha}{N_0} S^*(\omega) e^{-j\omega t_0} \quad (2\text{-}14)$$

对式（2-14）进行傅里叶逆变换，若输入信号 $s(t)$ 为实信号，则有

$$h(t) = \frac{2\alpha}{N_0} s(t_0 - t) \quad (2\text{-}15)$$

可知，匹配滤波器的时域冲激响应函数 $h(t)$ 为输入信号 $s(t)$ 的镜像，并且在时间上有一定的时延，幅度是某一常数的乘积常数，该常数表明匹配滤波器的相对放大倍数。匹配滤波器的时域冲激响应函数输入信号波形相似，但对振幅和时延不同的信号具有适应性，而对频移信号不具有适应性。图 2-8 所示为在海洋环境中采集到的一组数据的匹配滤波处理效果，声源发射的信号是一组持续时间为 1s、频率范围为 700~900Hz 的线性调频信号。

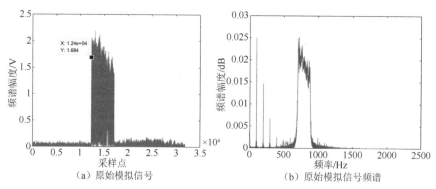

图 2-8 实测数据的匹配滤波处理效果

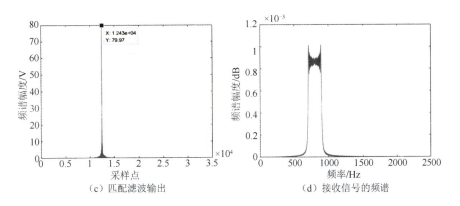

(c) 匹配滤波输出　　　　　　　　(d) 接收信号的频谱

图 2-8　实测数据的匹配滤波处理效果（续）

由于在实验时，数据采集系统混入了电源系统的工频干扰信号，因此采集到的信号中存在几条线谱。由实验观察到，当接收信号的频谱与发射信号的频谱一致时，匹配滤波器的输出最大，并且最大点的位置与模拟信号起始点的位置基本一致。

## 本 章 小 结

本章主要对水声信道的基本物理特性进行概述，分别从海面、海底的水声信号传播特性出发，系统地阐述了水声传播的多途效应，以及由此产生的选择性衰落，具体包括时间、频率、空间选择性衰落。在衰落条件下，介绍了基于射线模型建立的多途水声信道系统函数，最后详细介绍了在水声信号处理中常用到的匹配滤波处理技术，为后续章节的水声环境应用做好铺垫。

# 第 3 章 范数约束与稀疏估计

信号处理的对象绝大部分为物理系统产生的信号。对于自然界中的系统，人们往往采用线性系统建模，因此很自然地认为信号模型也是这种线性结构的补充，这一概念已被现代信号处理广为使用[62]。通过建立向量空间将信号建模为向量，即能描述所期待的线性结构。若将两个信号叠加，则可获得在物理上具有新意义的信号。更进一步地，向量空间允许我们从三维空间中获取诸如长度、距离和角度的信息来描述所感兴趣的信号，当信号存在于更高维甚至无限维的空间时这一点尤为有用。因此，本章将简要回顾向量空间中的一些基本概念，以便将其用于稀疏水声信道的估计。在水声通信中，当发送的信号穿过信道时，经过多途径传播后接收端的信号发生了严重变形，信号经过水面和水底的多次反射、散射之后，导致成百上千的信号时延扩展，这些以不同时延到达途径传播的信号，最终组成稀疏多途结构。由于海面的不平整性，水面散射过程包含了多普勒扩展和信号的传播时延。研究发现，直达途径和经过海底反射的途径相对比较稳定，而经水面反射的途径因受到水面的干扰而变化较大。多途效应对接收信号的影响在时域上表现为码间干扰（Inter-Symbol Interference, ISI），在频域上则体现为频率选择性衰落。尤其是对于中等距离水声信道，多途时延扩展甚至达到了 10ms 的量级。也就是说，当通信速率为 10ksym/s（kilosymbols per second）时，将会产生 100 个码间干扰，这无疑给水声通信质量的提高带来很大挑战。

## 3.1 近似范数约束项与稀疏估计代价函数

多途到达的本征声线在时延上因信道的能量主要聚集在几个分离的区域，而水声信道的时延轴多数时间点的能量很少，这就是水声信道所具有的稀疏结构。文献[63]指出，水声信道冲激响应由少量的非零信道抽头和大量的零信道抽头组成，而水声信道冲激响应的稀疏结构可用来提高信道估计的表现，通过减少不必要的非零多途数目可降低信道估计的噪声[64,65]。

范数可视为一种具有"长度"概念的函数，用于度量向量或矩阵的"大小"。对于稀疏水声信道，数学上可利用范数对信号的稀疏进行描述。

稀疏信号是指一个信号可用一个原子集合中的少量原子的线性组合来表示，

# 第3章 范数约束与稀疏估计

可压缩信号是与稀疏信号关系密切的一类信号。例如，如果信号 $x$ 可被其 $\kappa$ 个幅值最大的元素近似表达，那么信号 $x$ 被称为 $\kappa$ 可压缩信号。实践中，由于水声信道冲激响应函数可认为是可压缩信号，因此也被称为稀疏水声信道，通常采用 $\|h\|_0$ 表示稀疏水声信道的非零信道抽头个数。而水声信道估计的目标任务之一就是求解非零信道抽头个数最少的水声信道冲激响应函数，即求解 $\min\|h\|_0$，目标任务之二则是求解满足水声信道的输入输出关系式。

对于目标任务之一，由于实践中直接求解 $\min\|h\|_0$ 的计算复杂度随着信道长度的增加而增加，并且直接求解 $\min\|h\|_0$ 时对噪声的敏感性太高。因此，有一系列方法[66-68]将求解 $\min\|h\|_0$ 的目标转化为求解 $\min\|h\|_1$，或是采用一个光滑的函数来逼近 $\|h\|_0$ 函数。例如，文献[69]提出了几种设想来完成近似 $l_0$ 范数的实现；文献[70]指出，采用最小化近似 $\|h\|_0$ 函数的策略在恢复精度上至少不差于基于最小化 $\|h\|_1$ 函数的方法。

对于目标任务之二，如果求解的水声信道输入输出关系是按照发送信号向量与信道向量卷积的形式表达的，就认为是基于逐符号估计对水声信道估计方法进行设计的；如果该输入输出关系是按照发送信号构成的矩阵与信道向量相乘的形式表达的，就认为是基于逐块估计对水声信道估计方法进行设计的。

将近似范数作为约束项嵌入代价函数的方法常用于稀疏无线信道的估计[71]。同样，对于水声信道估计也可将近似 $l_0$ 范数作为约束项来进行算法设计。例如，文献[72]采用近似 $l_0$ 范数作为改进比例归一化最小均方误差（Improved Proportionate Normalized Least Mean Square，IPNLMS）算法中的约束项对算法进行优化。

## 3.2 范数化的向量空间

在数域中，数的大小和两个数之间的距离是通过绝对值来度量的。在解析几何中，向量的大小和两个向量之差的大小是利用"长度"和"距离"的概念来度量的。为了对矩阵运算进行数值分析，我们需要对向量和矩阵的"大小"引进某种度量，而范数则是绝对值概念的自然推广。对于稀疏水声信道，数学上可用信号的稀疏对其进行描述。

向量范数的定义：若向量 $x$ 的某个实数值函数 $f(x)=\|x\|$ 满足正定性、齐次性和三角不等式，则称 $\|x\|$ 为 $\mathbf{R}^n$ 上的一个向量范数。向量的 $p$ 范数被广泛采用，这里给出它的定义[73]：

$$\|\boldsymbol{x}\|_p = \begin{cases} (\sum_{i=1}^{n}|x_i|^p)^{\frac{1}{p}}, & p \in [1,\infty) \\ \max_{i=1,2,\cdots,n}|x_i|, & p = \infty \end{cases} \quad (3\text{-}1)$$

矩阵范数的定义：若矩阵 $\boldsymbol{A}$ 的某个实数值函数 $f(\boldsymbol{A}) = \|\boldsymbol{A}\|$ 满足正定性、齐次性、三角不等式和相容性，则称 $\|\boldsymbol{A}\|$ 为 $\mathbf{R}^{m \times n}$ 上的一个矩阵范数。类似地，还可给出矩阵的 $F$ 范数的表达式：

$$\|\boldsymbol{A}\|_F = (\sum_{i=1}^{n}\sum_{j=1}^{n}a_{ij}^2)^{\frac{1}{2}} \quad (3\text{-}2)$$

对向量的 $p$ 范数的 $p$ 取不同的值，得到 4 个范数特例，如图 3-1 所示。当 $p<1$ 时，向量的 $p$ 范数也记为 $l_p$ 范数。由图 3-1 可以看出 $l_p$ 范数并不满足三角不等式，因此实际上称 $l_p$ 范数为拟范数（Quasi Norm）。3 种常用范数的计算公式如下：

$$\|\boldsymbol{x}\|_2 = (|x_1|^2 + |x_2|^2 + \ldots + |x_n|^2)^{\frac{1}{2}} \quad (3\text{-}3)$$

$$\|\boldsymbol{x}\|_1 = |x_1| + |x_2| + \ldots + |x_n| \quad (3\text{-}4)$$

$$\|\boldsymbol{x}\|_\infty = \max_{1 \leq i \leq n}|x_i| \quad (3\text{-}5)$$

除了以上范数，$\|\boldsymbol{x}\|_0$ 范数也是常用的一种范数，其定义如下：

$$\lim_{p \to 0}\|\boldsymbol{x}\|_p^p = |\text{supp}(\boldsymbol{x})| \quad (3\text{-}6)$$

$\|\boldsymbol{x}\|_0$ 范数同样属于拟范数，表示一个向量中非零元素的个数，$\|\boldsymbol{x}\|_0$ 范数也称为 $l_0$ 范数。式（3-6）中 $|\cdot|$ 表示输入向量势，即输入向量非零元素的个数；$\text{supp}(\boldsymbol{x})$ 表示 $\boldsymbol{x}$ 的支撑集合，即 $\boldsymbol{x}$ 中非零元素所在的位置。例如，$\boldsymbol{x} \in \mathbf{R}^n$，记 $\boldsymbol{x}$ 的第 $i$ 个元素为 $x(i)$，其中 $1 \leq i \leq n$，则

$$\text{supp}(\boldsymbol{x}) = \{i \mid 1 \leq i \leq n, x(i) \neq 0\} \quad (3\text{-}7)$$

对于 $\boldsymbol{x} \in \mathbf{R}^n$，其支撑集合为集合 $\{1,2,\cdots,n\}$ 的一个子集。

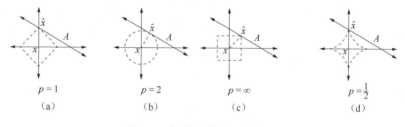

图 3-1　$\|\boldsymbol{x}\|_p$ 范数的 4 个特例

相关更多详细内容可参考文献[74]和文献[75]。

## 3.3 范数约束项与稀疏估计代价函数设计

稀疏信道的估计方法在实际应用中有广泛的应用，如对稀疏无线车载信道和陆地无线信道的估计等。目前，针对稀疏无线信道进行估计的算法有基于 $l_1$ 范数的最小化目标函数算法[66]和基于贪心算法[68]。这些算法从压缩感知的角度进行分析，将待估计的无线信道视作压缩感知领域中待恢复的稀疏信号。稀疏信号是指可用一个原子集合中的少量原子的线性组合来表示的信号。在信号处理领域中，常用的一些变换，如傅里叶变换、小波变换、离散余弦变换等都可用来对信号进行稀疏表示，这些变换的主要目的是把在自身表达域中不具备稀疏结构的信号在其他域中进行稀疏表达[76]。这些在无线通信及信号处理领域中广泛应用的算法对水声信道的估计有重要的参考价值和借鉴意义。

由于水声信道在时域中表现出稀疏结构特性[77,78]，因此，本书阐述的逐符号估计与逐块估计都是在时域中进行的。此外，在时延-多普勒域，即时间-时延域经傅里叶变换后的频域，水声信道估计问题仍可采用可压缩信号的方法来进行处理。若一个信号 $x \in \mathbf{R}^n$ 的支撑集合满足 $|\mathrm{supp}(x)| \leqslant \kappa$，则称该信号为 $\kappa$ 稀疏信号，$\kappa$ 表示信号的稀疏度。通俗地讲，$\kappa$ 稀疏信号是指一个信号只含有 $\kappa$ 个非零元素，而其他元素皆为零。一般可用 $l_0$ 范数来表示信号的稀疏度，即 $\|x\|_0 = |\mathrm{supp}(x)|$，$l_0$ 范数给出了信号中非零元素的个数。$l_0$ 范数在压缩感知领域中被广泛应用，但值得注意的是，$l_0$ 范数并不是数学定义中的范数，因为不满足齐次性。

与稀疏信号关系密切的一类信号是可压缩信号，如果信号 $x$ 可用其 $\kappa$ 个幅值最大的元素近似表示，即 $\|x - x^{(1)}\| < \varepsilon$，那么称信号 $x$ 为 $\kappa$ 可压缩信号。其中 $x^{(1)} \in \mathbf{R}^n$，表示保留了信号 $x$ 幅值最大的 $\kappa$ 个分量且其他分量均为零的 $n$ 维信号向量，$\varepsilon$ 为逼近误差。$\kappa$ 可压缩信号可看作 $\kappa$ 稀疏信号的一个扩展，可压缩信号比严格意义上的稀疏信号更具有实际意义，因为实际应用中获得的信号很难成为严格的稀疏信号，在各种噪声条件下往往是可压缩信号。本书后续章节涉及的稀疏水声信道，从严格意义上讲，应为可压缩水声信道。然而，实际水声信道研究领域中并没有严格区分可压缩信号和稀疏信号，因此本书统一称之为稀疏信号。压缩感知研究致力于从一个非自适应、不充分的线性测量信号中恢复原始的稀疏信号[79]，其模型表达式如下：

$$\min_{h} \|h\|_0 \quad \text{s.t.} \quad y = Ah \qquad (3\text{-}8)$$

该模型较早地应用于无线信道估计中，也可应用于水声稀疏信道。模型中的 $h$ 为原始信号，$A$ 为测量矩阵，$y$ 为测量信号，s.t.表示"……服从于……"。非自适应测量指的是测量矩阵与待恢复的原始稀疏信号无关；若测量矩阵 $A$ 的维数为 $M \times N$，则原始信号 $h$ 的长度为 $N$，不充分测量指的是线性测量方程的个数 $M$ 要小于原始信号 $h$ 的长度 $N$。由于方程组的个数小于未知数的个数，因此该方程组是一个欠定方程组，存在无数种解。其中最常见的一个解是基于最小二乘法的解，最小二乘法解是方程 $y - Ah$ 无数组解中能量最小的一个解。在压缩感知领域中，一个重要的前提就是原始信号 $h$ 为稀疏信号，基于该前提，压缩感知中的信号恢复问题才可转化为解如式（3-8）的优化问题。

由于直接求解 $l_0$ 范数会导致 NP 难题（Non-deterministic Polynomial-time hard）、噪声敏感等问题，其计算复杂度会随着 $h$ 长度的增加而迅速增加，处理起来非常棘手，因此有很多方法[67]可将式（3-8）转化为如下一个更为简单的问题：

$$\min_h \|h\|_1 \quad \text{s.t.} \quad y = Ah \tag{3-9}$$

如果稀疏向量 $h$ 是式（3-9）的解，那么它也可看成 $y$ 的稀疏估计。式（3-9）可进一步转化为如下的凸优化问题：

$$\min_h \|h\|_1 \quad \text{s.t.} \quad \|y - Ah\| < \varepsilon \tag{3-10}$$

或

$$\min_h \|y - Ah\| \quad \text{s.t.} \quad \|h\|_1 < \tau \tag{3-11}$$

式中，$\varepsilon$ 和 $\tau$ 为非负实数。内点算法和梯度算法是基于式（3-10）和式（3-11）提出的，而 $l_1 - l_2$ 方法则是采用拉格朗日方法将其转换为

$$h = \arg\min_h \|y - Ah\| + \lambda \|h\|_1 \tag{3-12}$$

式中，$\lambda$ 为拉格朗日算子。

$l_1 - l_2$ 方法在文献[67]中有详尽的描述，这种方法在处理大型问题时效率不高。

与 $l_1 - l_s$ 方法不同，迭代硬阈值（IHT）算法的第 $l$ 步迭代的表达式为[80]：

$$h_{l+1} = H_s \left[ h_l + A^T (y - Ah_l) \right] \tag{3-13}$$

式（3-13）中，$H_s(a)$ 是一个非线性算子，其中 $a = h_l + A^T(y - Ah_l)$，它能使向量 $a$ 中的幅值较小的元素 $s$ 置为零。然而，IHT 算法的性能不够稳定。

## 3.4 基于近似 $l_0$ 范数约束的稀疏估计算法

在无线通信环境中,微波信号经不同途径的传输在不同的时间到达接收端,会导致信号在接收端具有不同的时延。对于多途信道传播,衰落是一个重要特性。为了对抗衰落,研究人员开发了包括时延、多普勒、角度等因素在内的多样化无线信道增益方案。在实际通信环境中,许多信道均可当作稀疏信道,如高清电视信道(High Definition Television,HDTV)、一些特定的城市 LTE(Long Term Evolution)系统、ITU-R 标准下的车载信道(信道 A 和信道 B)等。目前,针对稀疏无线信道进行信道重构的算法可分为两大类:基于 $l_1$ 范数最小化算法和贪心算法[65]。相比较而言,贪心算法由于其低复杂度和易于实现变得更为流行。这些应用于无线通信及信号处理领域中的成熟算法,对水声信道的估计有重要的参考价值。

考虑存在噪声情况下稀疏信道的估计问题,该问题可表达为

$$\min_h \|\boldsymbol{h}\|_0 \quad \text{s.t.} \quad \|\boldsymbol{y}-\boldsymbol{A}\boldsymbol{h}\| < \varepsilon \tag{3-14}$$

式中,$\|\boldsymbol{h}\|_0$ 表示信道冲激响应函数中非零信道抽头的个数。如前所述,直接对式(3-14)求解是一个棘手的 NP 难题。已有的研究[64,81]表明,式(3-14)无法直接求解,但通常可采用直接求解 $\|\boldsymbol{h}\|_1$ 的办法来获得最稀疏的解,即把式(3-14)转化为如下问题:

$$\min_h \|\boldsymbol{h}\|_1 \quad \text{s.t.} \quad \|\boldsymbol{y}-\boldsymbol{A}\boldsymbol{h}\| < \varepsilon \tag{3-15}$$

式中,$\|\boldsymbol{h}\|_1$ 表示信道冲激响应函数中各元素绝对值之和。

文献[69]提出采用光滑函数来逼近 $\|\boldsymbol{h}\|_0$ 的方式实现近似 $l_0$ 范数。其中光滑函数可由以下函数构成:

(1)指数函数(SL0 算法)。

$$\|\boldsymbol{h}\|_0 \approx N - \sum_{i=1}^{N} \frac{\exp\left[-h(i)^2\right]}{2\sigma^2}$$

(2)分式函数(AL0-1 算法)。

$$\|\boldsymbol{h}\|_0 \approx \sum_{i=1}^{N} \frac{\alpha h^2(i)}{1+\alpha h^2(i)}, \quad \alpha = \frac{1}{2\sigma^2}$$

(3)双曲正切函数(AL0-2 算法)。

$$\|\boldsymbol{h}\|_0 \approx \sum_{i=1}^{N} \tan h\left[\frac{h^2(i)}{2\sigma^2}\right]$$

以上 3 种近似函数中的 $\sigma^2$ 是与信号方差有关的近似函数的控制参数,它的取

值需要在函数的精度和近似函数曲线光滑度之间权衡：$\sigma^2$越大，近似$l_0$函数曲线越光滑；$\sigma^2$越小，近似$l_0$函数曲线越陡峭，对$l_0$范数的逼近程度也越高。虽然SL0算法及其演进算法具有匹配度高、重建时间短、计算量低和对噪声变化不太敏感等优点，但文献[82]指出，这些算法都有对$l_0$范数估计精度不高的缺陷，且文献[69]中的SL0算法不能直接用于水声信道复数域的求解。同时，文献[82]还指出，近似双曲正切函数曲线比其他几种近似光滑函数曲线的"陡峭性"更大，对近似$l_0$范数的估计也更精确，收敛速度会更快。考虑到水声信道稀疏结构特点和从实数域推广到复数域的应用要求，AL0-1算法[83]采用了分式来构造近似$l_0$范数函数，而AL0-2算法[84]则采用了近似度更好的双曲正切函数来完成对$l_0$范数函数的近似。3种近似$l_0$范数函数曲线对比如图3-2所示。

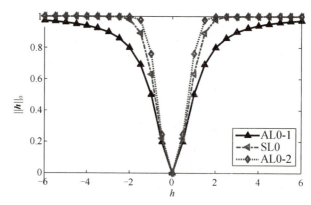

图3-2　3种近似$l_0$范数函数曲线对比（$\sigma=1$）

为进一步分析AL0-1算法和AL0-2算法两种可针对信道复数域，进行非零信道抽头计算的近似$l_0$范数函数的性能，以下通过仿真来验证这两种算法在不同参数设置下的性能。设仿真稀疏水声信道抽头值为$h$ = [−0.8519+1.1027i, 0, 0.0942+0.4297i, 0.8735−0.3962i, 0.8644+0.4380i, 0, 0, 0, 0, 0]，可看出该信道冲激响应长度为10，稀疏度为4，且非零信道抽头值皆为复数。现采用AL0-1算法和AL0-2算法进行计算，并设置$\sigma$从1逐渐增大到10，步长为1，迭代计算得到的结果如图3-3所示。可以看出，随着$\sigma$的增加，两种算法对非零信道抽头个数的估计值越来越接近4，但AL0-2算法由于具有匹配度高及对$l_0$范数估计精度较高等优势，因此收敛速度会更快。

在无线通信中，在影响发射器和接收器之间通信速率与可靠性的诸多因素里，信道的估计、均衡算法的精确度与收敛性尤为重要。在信道估计过程中，发

## 第 3 章 范数约束与稀疏估计

射器发出一个训练序列，接收器根据接收到的信息估计出信道冲激响应函数，之后这些估计得到的信息可用于通信系统的其他元部件，如信道均衡器或接收端的检测器等。近似范数及其优化算法[71]便可用于稀疏信道估计及均衡器的设计。类似的近似范数约束算法还有零吸引算法（Zero-Attracting LMS, ZA-LMS）、重构零吸引算法（Re-Weighted Zero-Attracting LMS, RZA-LMS）等[89]。这些算法利用信道的稀疏结构，在一定程度上克服了传统 LMS 算法在处理稀疏信道估计问题时的不足，改善了估计性能。然而，水声信道与无线信道不同，存在着诸多挑战，例如，时延多普勒明显、多途效应比无线信道严重得多。由于海底和海面的距离仅为无线信道高度的千分之一，因此水声传播数公里形成的多途效应等同于无线信道的数千公里，此时对应的多途时延扩展达到毫秒量级，形成了严重的码间干扰。同时，海面起伏和海水介质的时变特性也使水声信道的稳定时间大大缩短。并且，水声的多普勒效应是无线电波的数百倍，增大了声呐接收机的设计难度。这些因素无疑让水声信道成为具有挑战性的信道之一。因此，迫切需要研究新的近似范数以提高稀疏水声信道的估计性能。

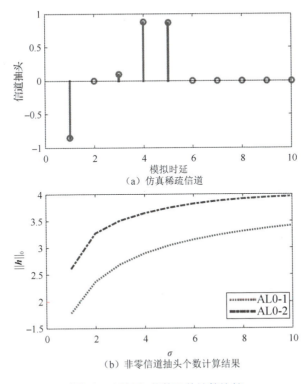

图 3-3 近似 $l_0$ 范数函数计算比较

除了上述几种近似范数的约束算法，对于水声信道估计问题，文献[125]还提出了一种稀疏非凸优化算法，即采用近似 $l_0$ 范数规则化的 $l_2$ 范数最小化算法，并结合复共轭梯度法进行迭代求解。本质上该算法是通过近似 $l_0$ 范数而非 $l_1$ 范数约束来计算稀疏水声信道时延-多普勒扩展函数的，如文献[82]所述，$l_0$ 范数最小化算法性能至少优于 $l_1$ 范数最小化算法。

## 本 章 小 结

本章从数学中的范数化向量空间出发，介绍了范数的基本概念，结合稀疏水声信道估计的实际应用场景和压缩感知领域中使用的稀疏信号恢复方法，对本书后续部分将采用的几种近似范数知识结构进行梳理。近似范数约束将作为新算法的切入点，贯穿后续各章节中的各种稀疏水声信道估计算法。

水声信道与陆地的微波无线信道不同，由于水声信道受诸多物理特性限制，因此水声信道估计问题也将面临更大的挑战。例如，目前很难仅用一种模型来描述所有水声信道的传播特征；水声通信中的接收信号出现了比无线电传播更为明显的时间弥散；水声通信通常可出现大至几千个符号长度的码间干扰。因此，构建不同的模型并针对不同的模型设计对应的算法对于水声信道估计尤为重要。

# 第 4 章 稀疏水声信道的估计算法

为了系统地阐述本书内容，根据文献[1]中的分类方式，依据输入输出关系表达式的不同，把稀疏水声信道估计算法分为两种：稀疏水声信道向量估计算法和稀疏水声信道矩阵估计算法。其中，信道向量估计算法采用向量迭代的计算方式，已被广泛应用于水声信道估计中[86,87]。基于向量估计的代表性算法有最小均方（Least Mean Squares，LMS）算法和归一化最小均方（Normalized Least Mean Squres，NLMS）算法[88]；基于矩阵估计算法的典型算法有最小二乘法（Least-square，LS）算法和最小线性均方误差（Linear Minimum Mean-Squared Error，LMMSE）算法[87]。上述两种算法是时域的信道估计算法，此外，还有基于时频域模型将压缩感知方法应用于双扩展水声信道估计[64]，即基于压缩感知的矩阵估计算法。本章将对这 3 种算法进行详细介绍。

## 4.1 稀疏水声信道的向量估计算法

### 4.1.1 问题描述

本节所述信号和信道响应均采用复基带采样值表示。水声信道用输入时延扩展函数表示，记为 $h_j(i)$，其中，$0 \leqslant j < N$，$N$ 为水声信道冲激响应函数的长度。离散时间的信道输入输出关系为

$$y(i) = \mathbf{s}^{\mathrm{T}}(i) * \mathbf{h}(i) + e(i) \tag{4-1}$$

式中，$y(i)$ 表示 $i$ 时刻的接收信号元素，$\mathbf{s}(i)$ 表示 $i$ 时刻的发送信号列向量，$\mathbf{h}(i)$ 表示 $i$ 时刻对输入时延扩展函数采样获得的列向量，"*"表示卷积运算，$e(i)$ 表示 $i$ 时刻的噪声。

在水声信道估计过程中，在两种情况下可认为发送信号的序列是已知的：在训练模式下和在面向判决模式下。对于前者而言，发送信号的序列在接收端已知；对于后者而言，由于可利用前面已经判决出的序列号，因此也可认为发送信号的序列是已知的。

采用最小均方误差，利用式（4-1）中信道的输入输出关系可得到信道响应的估计值，建立的代价函数 $J(i)$ 为

$$J(i)=|e(i)|^2 \qquad (4\text{-}2)$$

其中，

$$e(i)=y(i)-\mathbf{s}^{\mathrm{T}}(i)\mathbf{h}(i) \qquad (4\text{-}3)$$

美国斯坦福大学的 Widrow 和 Hopf 在研究自适应理论时，根据式（4-2）所示的代价函数和梯度下降法提出了 LMS 算法，由于该算法容易实现，因此很快得到了广泛应用，成为自适应滤波的标准算法。

通过前面章节的介绍，已知水声信道具有明显的稀疏特征。如何利用这一特性进行水声代价函数的设计，是设计好信道估计算法的关键。传统的基于最小均方误差的稀疏约束方法包括 $l_0$-LMS 算法和 $l_1$-LMS 算法，其代价函数分别如式（4-4）和式（4-5）所示：

$$J_0(i)=\frac{1}{2}|e(i)|^2+\gamma\|\mathbf{h}(i)\|_0 \qquad (4\text{-}4)$$

$$J_1(i)=\frac{1}{2}|e(i)|^2+\gamma\|\mathbf{h}(i)\|_1 \qquad (4\text{-}5)$$

式中，$\gamma$ 是一个用于平衡估计误差和约束项的因子，其值为 0～1。$l_0$ 范数和 $l_1$ 范数的定义在第 3 章已说明因为 $l_0$ 范数的求解是 NP 难题[89,90]，故常采用近似 $l_0$ 范数或者采用 $l_1$ 范数代替 $l_0$ 范数来求解[90]。

考虑到水声信道稀疏度容易发生变化，包括非零信道抽头的位置、大小和个数等参数都会随时间的变化而变化[77,91]，文献[63]便根据水声信道非零信道抽头易发生变化这一特点，提出了高速率水声通信的聚焦技术。由于传统的算法不能及时捕捉这些信道特征变化，因此期待设计一种新的自适应算法，使其能准确地跟踪水声信道非零信道抽头这些参数的变化。针对这一问题，本章后续部分将详细介绍稀疏信号恢复的算法，通过引入一个变化的近似 $p$ 范数（p-norm-like），把它作为约束项代入传统的 LMS 代价函数中。这种做法相当于在迭代过程中增加了一个零吸引因子，其参数的调整按照代价函数的负梯度进行。根据该思路可衍生出 3 种不同迭代过程的稀疏约束算法，这些算法主要围绕着如何利用水声信道的稀疏度并结合现行的信号处理方法，可用来解决因传统 $l_0$ 范数和 $l_1$ 范数约束的缺少使水声信道中可能出现不同稀疏度的适应能力这一问题，减缓当水声信道不够稀疏时因有偏估计问题而产生的性能恶化，并且不需要稀疏度作为先验知识，

## 第4章 稀疏水声信道的估计算法

即可完成水声信道的估计。这些算法的性能也将通过仿真和实验进行验证,相关的研究结果已发表在文献[84]和文献[95]上。

### 4.1.2 向量估计方法与信道估计目标函数

为避免矩阵求逆和其他相关函数的运算,逐符号方法采用输入信号向量与信道向量卷积的模型,常用的算法有 LMS 算法及其各种改进算法。LMS 算法采用最速下降法,利用误差平方瞬时值的最小化来代替误差平方数学期望值的最小化,该算法在很大程度上降低了计算复杂度。

目前,算法的发展主要是结合系统的稀疏结构引入范数约束项,从而导出一系列基于 LMS 代价函数的迭代算法。例如,文献[96]将 $l_1$ 范数引入基于最小均方误差的代价函数中,对代价函数求梯度得到新的方程,从而使传统 LMS 算法在不增加稳态误差的前提下加快权矢量系数的收敛;文献[89]将 $l_0$ 范数引入传统算法的代价函数中,所导出的更新方程中的零吸引因子对离零点近的系数有较大的吸引力,因此在稀疏环境下 $l_0$-LMS 算法有更好的性能表现。

在实际工程中,除了在传统代价函数中加入约束项,以得到改进型的 LMS 算法,较为广泛应用于稀疏信道估计的 LMS 算法还包括选择性更新权系数的算法,如比例归一化最小均方(Proportionate Normalized Least Mean Square,PNLMS)算法[97]和改进的比例归一化最小均方(Improved Proportionate Normalized Least Mean Square,IPNLMS)算法[98,99]。下面给出 IPNLMS 算法的核心迭代式:

$$e(i)=y(i)-\boldsymbol{s}^{\mathrm{T}}(i)\boldsymbol{h}(i) \tag{4-6}$$

$$q_j = \frac{1-\alpha}{2N} + \frac{(1+\alpha)|h_j|}{2\|\boldsymbol{h}\|_1 + \delta_{ip}}, \quad 1 \leqslant j \leqslant N \tag{4-7}$$

$$\boldsymbol{Q} = \mathrm{diag}[q_1, q_2, \cdots, q_N] \tag{4-8}$$

$$\boldsymbol{h}(i+1) = \boldsymbol{h}(i) + \frac{\mu \boldsymbol{Q}\boldsymbol{s}(i)e(i)}{\boldsymbol{s}^{\mathrm{T}}(i)\boldsymbol{Q}\boldsymbol{s}(i)+\delta} \tag{4-9}$$

式中,$-1 \leqslant \alpha \leqslant 1$;$\mu$ 为步长,步长控制对角矩阵 $\boldsymbol{Q}$ 能独立地控制滤波器的权值,其对角元素 $q_j$ 应正比于 $|h_j|$;$\delta$ 为重构参数。

可以看出,当 $\alpha = -1$ 时,IPNLMS 算法和 NLMS 算法是等价的;当 $\alpha$ 值接近 1 时,IPNLMS 算法与 PNLMS 算法一样。实际取值时,$\alpha$ 较为理想的值为 0 或-0.5。从 IPNLMS 算法的迭代步骤中可以看出,该算法的运行效果依赖于参数 $\mu$、$\delta$、

$\delta_{ip}$ 和 $\alpha$ 等参数的设置。

PNLMS 算法用于稀疏水声信道估计时，在估计水声信道中较大的抽头系数时会获得较大的步长参数，从而加快了对较大抽头系数的收敛，改善了 NLMS 算法对稀疏水声信道冲激响应函数估计的收敛速度。虽然 PNLMS 算法获得了较快的初始收敛速度，但是其后期收敛速度会变慢，因此 IPNLMS 算法采用了 $l_1$ 范数计算水声信道的稀疏度，该方法能部分地消除滤波器系数估计方面的误差对比例步长参数的负面影响，从而使得 IPNLMS 算法在估计稀疏水声信道的冲激响应函数时，具有和 PNLMS 算法同样快速的收敛性能，同时在处理非稀疏水声信道的冲激响应时，该算法的收敛速度优于 NLMS 算法[100]。

与任何优化问题需要进行数学建模一样，对于稀疏水声信道的估计，首先需要考虑的问题是，如何把水声信道中的物理特性融入信号处理中，进而利用水声信道稀疏结构的变化特性和近似 $p$ 范数检测特性的多样性完成估计。稀疏水声信道冲激响应函数估计的代价函数如下：

$$J_p(i)=\frac{1}{2}|e(i)|^2+\gamma\|\boldsymbol{h}\|_p^p \tag{4-10}$$

基于该代价函数，可引出 3 种不同迭代方式的自适应稀疏水声信道冲激响应函数估计算法。式（4-10）中的 $\|\boldsymbol{h}\|_p^p$ 是针对水声信道中非零信道抽头的位置、大小和个数等参数都可能随时间变化而变化的这一特征提出的一种可调稀疏范数约束，称为近似 $p$ 范数[73]。近似 $p$ 范数定义如下：

$$\|\boldsymbol{h}\|_p^p=\sum_{j=1}^{N}|h(j)|^p,0\leqslant p\leqslant 1 \tag{4-11}$$

近似 $p$ 范数与 $l_p$ 范数类似，但不属于真正的范数。一般来讲，范数是指欧氏范数（Eulidean Norm）。而近似 $p$ 范数则与欧氏范数不同，其定义最早出现在文献[73]和文献[101]中。基于该定义还可进一步改进，定义一个新的可调节的稀疏范数约束，具体计算式如下：

$$\|\boldsymbol{h}(i)\|_{p,N}^p=\sum_{j=1}^{N}|h(j)|^{p_j},0\leqslant p_j\leqslant 1 \tag{4-12}$$

**1. $p$-LMS 稀疏水声信道估计算法**

为使以式（4-10）为目标的函数实现最小化，本书考虑采用最陡梯度下降法来实现这一目标。首先把代价函数 $J_p(i)$ 对 $\boldsymbol{h}$ 求梯度，可得

# 第4章 稀疏水声信道的估计算法

$$\widehat{V}_i = \frac{\partial(|\boldsymbol{y}-\boldsymbol{s}^{\mathrm{T}}\boldsymbol{h}|^2)}{\partial \boldsymbol{h}} + \gamma \frac{\partial(\|\boldsymbol{h}\|_p^p)}{\partial \boldsymbol{h}}$$

$$= -e\boldsymbol{s} + \gamma \frac{p\,\mathrm{sgn}[\boldsymbol{h}]}{|\boldsymbol{h}|^{1-p}} \tag{4-13}$$

继而得到稀疏水声信道抽头向量的第 $i$ 次更新迭代式，即

$$h_j(i+1) = h_j(i) - \mu \widehat{V}_i$$

$$= h_j(i) + \mu e(i)s(i-j) - \frac{\kappa p\,\mathrm{sgn}[h_j(i)]}{|h_j(i)|^{1-p}}, \quad \forall 0 \leqslant j < N \tag{4-14}$$

式中，$N$ 为稀疏水声信道冲激响应函数的长度，参数 $\kappa = \mu\gamma > 0$，$\mathrm{sgn}[h_j(i)]$ 函数的定义为

$$\mathrm{sgn}[h_j(i)] = \begin{cases} 1, & h_j(i) > 0 \\ -1, & h_j(i) < 0, \quad \forall 0 \leqslant j < N \\ 0, & h_j(i) = 0 \end{cases} \tag{4-15}$$

为防止当信道抽头值接近 0 时算法产生病态计算，很有必要在式（4-14）中最后一项的分母中加入边界值，改写后的迭代式为

$$h_j(i+1) = h_j(i) - \mu \widehat{V}_i$$

$$= h_j(i) + \mu e(i)s(i-j)$$

$$- \frac{\kappa p\,\mathrm{sgn}[h_j(i)]}{\varepsilon + |h_j(i)|^{1-p}}, \quad \forall 0 \leqslant j < N \tag{4-16}$$

式中，$\varepsilon$ 为防止病态计算的常量因子，其值为 $0\sim 1$。

如式（4-16）所示，在加入近似 $p$ 范数约束后，新算法的权重更新包含标准的 LMS 算法更新项和引入的零吸引因子项两部分。同时式（4-16）仍然含有 $p$ 变量，故对 $p$ 变量的调节提供了一个针对稀疏度变化的适应过程，以使 $p$ 变量能够根据负梯度方向进行调节从而获得最优值。把代价函数 $J_p(i)$ 对 $p$ 变量求梯度后的函数记为 $G_p(i)$，即

$$G_p(i) = \frac{\partial J_p(i)}{\partial p} = \frac{\partial \gamma |\boldsymbol{h}(i)|^p}{\partial p}$$

$$= \gamma |\boldsymbol{h}(i)|^p \ln(|\boldsymbol{h}(i)|) \tag{4-17}$$

此时将面临一个问题，即无法保证代价函数对 $p$ 变量的凸性，也就是说，经典的梯度方法可能收敛于局部最优值而不是全局最优值。在文献[102]的启发下，现采用一些约束手段来防止算法出现这种情况。

首先，不再采用精确的梯度计算式（4-17），而是采用梯度的符号函数，以降低进入局部最优值的概率，具体计算式为

$$\text{sgn}\left[G_p(i)\right] = \text{sgn}\left[|\boldsymbol{h}(i)| - \boldsymbol{I}\right] \tag{4-18}$$

式中，$\boldsymbol{I}$ 是一个和 $\boldsymbol{h}$ 维数相同且元素全为 1 的向量。

其次，为了减少噪声给随机梯度带来的不利影响，平滑的梯度计算采用每隔 $T$ 次迭代调整一次梯度符号的方法，具体计算式为

$$p_{i+T} = p_i - \delta\,\text{sgn}\left[\frac{1}{T}\sum_{j=i}^{i+T} G_p(i)\right] \tag{4-19}$$

式中，$\delta$ 为常量因子，用于控制负梯度的步长。表 4-1 给出了利用 MATLAB 实现 $p$-LMS 算法的伪代码。

表 4-1　$p$-LMS 算法的伪代码

```
给定：μ, κ, p, ε, δ, N, T
初始化：h = zeros(N,1), p₀
for  i = 1.2...
    输入 s(i) 和 y(i);
    e(i)=y(i) − sᵀ(i)h(i);
    pᵢ = pᵢ₋₁ − δpᵢ₋₁  if | hᵢ(j) | > v;
    hⱼ(i + 1) = hⱼ(i) + μe(i)sⱼ(i)
              − κpᵢ sgn[hⱼ(i)] / (ε + | hⱼ(i) |^(1−pᵢ)), ∀0 ≤ j < N;
end
```

由于水声信道容易出现多途信号、随机噪声和时频选择性衰落，所以它一直被认为是最难处理的通信信道之一。而对水声信道中稀疏度的开发利用，能有效地提高水声信道的估计性能。从本节介绍的内容也可以看到，与经典的 $l_1$-LMS 算法和 $l_0$-LMS 算法相比，$p$-LMS 算法表现出对稀疏度变化更好的适应性。然而，对近似 $p$ 范数引入的分数指数幂计算制约了它的应用。因此，下面将采用牛顿迭代法来估计分数指数幂运算的结果，据此设计一种基于 $p$-LMS 算法的简化计算方法，并把它应用到水声通信领域。

2. 简化版 $p$-LMS 稀疏水声信道估计算法

在 $p$-LMS 算法中，需要计算的 $|h_j(i)|^{1-p_i}$ 项是底数为变量的分数指数幂运算，

# 第4章 稀疏水声信道的估计算法

而分数指数幂运算法则是直接从整数指数幂运算法则类推而来的。为避免一些繁杂的计算，$p$-LMS 算法可采用查表的方式得出结果。针对该问题，本节将介绍基于牛顿迭代法的方式，对 $p$-LMS 算法做进一步简化，进而推导出简化版 $p$-LMS 水声信道估计算法。

首先，从代价函数式（4-10）出发。文献[96]中的 $l_1$-LMS 算法和 $l_0$-LMS 算法分别提到了式（4-4）和式（4-5）；文献[92]则提出系统的框架，统一了目前使用的几种范数约束的 LMS 算法，其代价函数和对应的迭代式分别为式（4-10）和式（4-16），约束项对参数 $p$ 求导后的函数计算式为式（4-17），参数 $p$ 的迭代式为式（4-19）。考虑到工程中的实际应用，分数指数幂运算需加以简化才能得到广泛应用，从式（4-16）和式（4-19）可看出，该部分工作的主要任务是简化 $|h_j(i)|^{1-p}$ 项。为避开分数指数幂计算问题，不失一般性地假设 $\delta = 1/\Delta$，其中，$\Delta$ 是一个用于避开分数指数幂运算的正整数。此时，$1 - p_i$ 可表示为 $m/\Delta$，其中，$m = \Delta(1 - p_i)$ 是介于 0 和 $\Delta$ 之间的一个正整数。可得出以下计算式：

$$|h_j(i)|^{1-p_i} = |h_j(i)|^{\frac{m}{\Delta}} \tag{4-20}$$

为方便起见，记 $g = |h_j(i)|^{\frac{m}{\Delta}}$，可表示为

$$g^\Delta - |h_j(i)|^m = 0 \tag{4-21}$$

利用牛顿迭代法[103,104]，该迭代式可表示为

$$g_2 = g_1 - \frac{(g^\Delta - |h_j(i)|^m)}{(g^\Delta - |h_j(i)|^m)'}|_{g=g_1} \tag{4-22}$$

式中，$(g^\Delta - |h_j(i)|^m)'$ 表示对 $g$ 求导，该计算式进一步改写为

$$g_{k+1} = g_k - \frac{(g_k^\Delta - |h_j(i)|^m)}{\Delta \cdot g_k^{\Delta-1}}$$

$$= \frac{\Delta - 1}{\Delta} g_k + \frac{|h_j(i)|^{\Delta \cdot (1-p_n)}}{\Delta \cdot g_k^{\Delta-1}} \tag{4-23}$$

注意到牛顿迭代法比梯度法更快地得到局部最优解[103,104]，迭代 3 次或者 4 次即能满足一般性能要求。简化版 $p$-LMS 算法伪代码见表 4-2。

表 4-2　简化版 $p$-LMS 算法伪代码

| |
|---|
| 给定：$\mu, \kappa, p, \varepsilon, \delta, N, T$ |
| 初始化：$\boldsymbol{h} = \text{zeros}(N,1), p_0$ |
| for　$i = 1.2\ldots$ |
| 输入 $\boldsymbol{s}(i)$ 和 $y(i)$；$e(i)=y(i)-\boldsymbol{s}^T(i)\boldsymbol{h}(i)$； |
| $p_{i+T} = p_i - \delta\,\text{sgn}(\frac{1}{T}\sum_{j=i}^{i+T}|h_j(i)| - 1)$；$g_1 = 1$； |
| for　$\kappa = 1:3$ |
| $\quad g_{\kappa+1} = (1-\delta)g_\kappa + \dfrac{\delta\,\left|h_j(i)\right|^{\frac{(1-p_i)}{\delta}}}{g_\kappa^{\frac{1}{\delta}-1}}, \forall 0 \leq j < N$； |
| end |
| $f(i) = p_{i+1}\,\text{sgn}[h_j(i)]/(\varepsilon + |g_{\kappa+1}|)$； |
| $h_j(i+1) = h_j(i) + \mu e(i)\boldsymbol{s}(i-j) - \kappa f(i)$； |
| end |

### 3. 算法分析与讨论

采用范数约束的稀疏信号 LMS 递归式可表示为

$$\begin{aligned}h_j(i+1)&=h_j(i)+\mu e(i)x(i-j)+\text{ZA}_{\text{norm-related}}\\&=h_j(i)+\mu e(i)x(i-j)-\kappa f(\|\cdot\|)\end{aligned} \tag{4-24}$$

式中，$\text{ZA}_{\text{norm-related}}$ 是与特定范数相关的零吸引因子，用于吸收小的抽头系数；$f(\|\cdot\|)$ 是由 $l_0$ 范数和 $l_1$ 范数约束的算法构成项，详细过程可参考文献[107]和文献[108]。

本章所提算法中的 $f(\|\cdot\|)$ 则可由式（4-16）提供，零吸引因子的存在意味着新滤波器权重将会发生如下变化：如果前次迭代的系数为接近 0 的正数，那么本次迭代对该系数执行减运算；如果前次迭代的微小系数为负，那么本次迭代会实行加的运算。零吸引的力度将依据具体使用的范数约束和设置的参数而定。

在 $p$-LMS 算法中，$p$ 可设置为 0~1。当 $p=0$ 和 $p=1$ 时，$p$-LMS 算法实际上分别退化到 $l_0$-LMS 算法和 $l_1$-LMS 算法。具体来讲，当 $p=0$ 时，求解 $l_0$ 范数是一个 NP 难题，通常会使用一些近似的办法代替求解[89]；当 $p=1$ 时，式（4-14）将退化到 $l_1$-LMS 算法，因此近似 $p$ 范数约束可导出含有和文献[90]相同的梯度函数。从更为广泛的意义上讲，本书所提的基于近似 $p$ 范数约束的 LMS 算法与传统的 $l_0$-LMS 算法和 $l_1$-LMS 算法是统一在同一个框架下的。更重要的是，近似 $p$ 范数可自适应地调节，从而达到最优。因此，可预料 $p$-LMS 算法将比 $l_0$-LMS 算

## 第4章 稀疏水声信道的估计算法

法和 $l_1$-LMS 算法的性能更优。

下面总结关于 $p$-LMS 算法参数选择的问题,以及对算法收敛性的分析。

(1)参数 $\kappa$ 的选择。参数 $\kappa$ 表示零吸引的力度[89,90]。当参数 $\kappa$ 值增加时,零吸引力度提升,从而加快收敛,但是参数 $\kappa$ 值越大,造成的稳态误差也越大。因此,需要综合考虑稳态误差和收敛速率之间的取舍关系。

(2)参数 $p$ 的初始化。负梯度对参数 $p$ 的更新可通过式(4-19)导出,从而获得最优值。在开始阶段,通常把 $p$ 设置为 0~1,以启动算法迭代。

(3)参数 $\delta$ 的选择。作为控制 $p$ 迭代步长的常数因子,该值需在算法的优化精度和优化速率之间进行权衡。

(4)算法收敛性分析。先定义第 $i$ 次迭代的权重 $\boldsymbol{h}(i)$ 与传统 LMS 算法得到的稀疏水声信道抽头向量 $\boldsymbol{h}_o$ 之间的偏差,把它定义为 $\boldsymbol{v}(i) = \boldsymbol{h}(i) - \boldsymbol{h}_o$,并代入式(4-16),再对等式两边求期望值,可得:

$$E[\boldsymbol{v}(i+1)] = (\boldsymbol{I} - \mu \boldsymbol{R}) E[\boldsymbol{v}(i)] - \frac{\kappa p \operatorname{sgn}[\boldsymbol{h}(i)]}{\varepsilon + |\boldsymbol{h}(i)|^{1-p}} \quad (4\text{-}25)$$

式中,$\boldsymbol{R} = \boldsymbol{s}(i)\boldsymbol{s}(i)^{\mathrm{T}}$,且 $\dfrac{\kappa p \operatorname{sgn}[\boldsymbol{h}(i)]}{\varepsilon + |\boldsymbol{h}(i)|^{1-p}}$ 介于 $\dfrac{-\kappa p}{\varepsilon + |\boldsymbol{h}(i)|^{1-p}}$ 和 $\dfrac{\kappa p}{\varepsilon + |\boldsymbol{h}(i)|^{1-p}}$ 之间。因此 $E[\boldsymbol{v}(i)]$ 在 $\mu$ 满足条件 $0 < \mu < \dfrac{1}{\lambda_{\max}}$ 时收敛,其中 $\lambda_{\max}$ 是矩阵 $\boldsymbol{I} - \mu \boldsymbol{R}$ 的最大特征值[105]。

表 4-3 列出了传统算法与本书所提的 3 种自适应水声信道估计算法的计算复杂度。可以看出,LMS 算法计算复杂度最小,传统算法 $l_0$-LMS、$l_1$-LMS 和 IPNLMS 算法的计算复杂度较 LMS 算法有不同程度的增加。对于 $p$-LMS 算法中的分数指数幂计算,可采用查表的方式进一步降低硬件的计算存储空间。$p$-LMS 算法简化版利用牛顿迭代法来估计,降低了 $p$-LMS 算法的计算复杂度。

表 4-3 各种算法每次迭代的计算复杂度

| 算 法 | 加 法 | 乘 法 | 符号运算 | 分数指数幂运算 |
|---|---|---|---|---|
| LMS | $2N$ | $2N+1$ | NA | NA |
| $l_0$-LMS($p=0$) | $3N$ | $2N$ | NA | NA |
| $l_1$-LMS($p=1$) | $3N$ | $2N+1$ | $N$ | NA |
| IPNLMS | $5N+2$ | $6N+6$ | NA | NA |
| $p$-LMS | $3N+1$ | $2N+1$ | $N$ | $N+1$ |
| 简化版 $p$-LMS | $3N+4$ | $5N+7$ | $N$ | NA |

注:表中 $N$ 为滤波器长度,NA 代表"无"。

### 4.1.3 数值仿真分析

本节设计的仿真旨在测试当信道响应非零信道抽头的位置、大小和个数等参数具有稀疏结构变化特征时,各种算法对变化的水声信道的跟踪及估计的能力。

为测试传统算法 LMS、$l_0$-LMS、$l_1$-LMS、IPNLMS 及本书所提出的 $p$-LMS 和简化版 $p$-LMS 算法对具有稀疏结构变化特征的水声信道的估计性能,采用射线模型中 Bellhop 模型[110]产生由于接收深度的不同而导致的稀疏度变化的仿真水声信道,并利用各种算法对其进行估计。模型具体设置的参数值如下:均匀声速为 1500m/s,距离为 1000m,水深为 200m,发射深度为 100m,接收深度分别为 100m、60m 和 20m,声线最大数目为 800 条,发射声源角度范围为-60°~60°,每条声线最小搜索角为 0.15°。仿真中设定每隔 5000 个码元改变接收器械深度,以便产生 3 个对应不同接收深度的水声信道。实验中发射随机码元,码元速率为 8kBd,把接收信号的 SNR 值设置为 20dB。

图 4-1 所示为 3 个不同接收深度对应的收发本征声线。由图 4-1 可以看出,随着深度变化,水声信道路径数不断增加造成稀疏度变化。若仿真水声信道的阶数为 250,则其稀疏度的变化可通过 SR(Sparsity Ratio)值的变化来体现:在 1、5001、10001 点的位置对应的 SR 值分别为 2/250、3/250、5/250,这 3 个不同接收深度对应的仿真水声信道响应如图 4-2 所示。为了便于进行性能比较,实验中各种算法的估计器长度均设置为 250 个点,把参数 $\mu$ 和 $\kappa$(若算法中包含参数 $\kappa$)设置为相同值,调整各种算法的参数,使各种算法在第一阶段的 MSE(最小均方差)值达到最优。Bellhop 模型所用中各种算法参数见表 4-4。

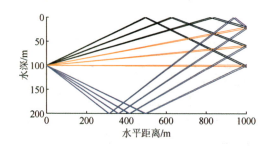

图 4-1　Bellhop 模型中 3 个不同接收深度对应的本征声线

# 第 4 章 稀疏水声信道的估计算法

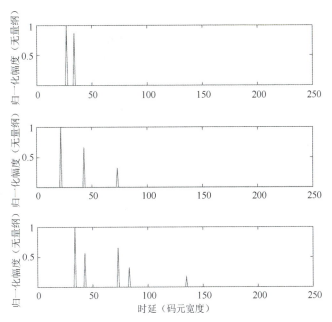

图 4-2  Bellhop 模型中 3 个不同接收深度对应的仿真水声信道响应

表 4-4  Bellhop 模型所用各种算法参数

| 算法 | 参数 | | | | | | |
|---|---|---|---|---|---|---|---|
| | $\mu$ | $\kappa$ | $\varepsilon$ | $\alpha$ | $\delta_{ip}$ | $\delta$ | $T$ |
| LMS | $5\times10^{-3}$ | NA | NA | NA | NA | NA | NA |
| $l_1$-LMS | $5\times10^{-3}$ | $2\times10^{-5}$ | NA | NA | NA | NA | NA |
| $l_0$-LMS | $5\times10^{-3}$ | $2\times10^{-5}$ | NA | NA | NA | NA | NA |
| IPNLMS | $5\times10^{-3}$ | NA | NA | $-0.5$ | $1\times10^{-4}$ | $1\times10^{-4}$ | NA |
| $p$-LMS | $5\times10^{-3}$ | $2\times10^{-5}$ | $1\times10^{-4}$ | NA | NA | $1\times10^{-2}$ | 10 |
| 简化版 $p$-LMS | $5\times10^{-3}$ | $2\times10^{-5}$ | $1\times10^{-4}$ | NA | NA | $5\times10^{-2}$ | 10 |

值得注意的是，IPNLMS 算法由于存在重构项，导致其步长参数的设置比其他几种算法都大。即便如此，在第二和第三阶段，由于信道稀疏度的变化和不确定性，在稀疏度的鲁棒性方面，该算法不如本书所提的几种算法。

下面是关于各种算法参数的选择和算法敏感性的分析。

（1）参数 $\mu$ 的选择。仿真中的各种算法均需要设置步长参数 $\mu$，若该参数设置过大，则容易导致算法失调，以致不收敛，即算法失败；若 $\mu$ 值设置过小，则不容易获取更加精确的信道估计值。IPNLMS 算法因采用了重构的环节，其步长值往往比其他类型的算法步长大一些。$\mu$值与发送数据的方差大小有关,在稀疏结构变化较为剧烈的水声环境中,在保证算法收敛的前提下,应尽量调大$\mu$值,以加快对信道的跟踪速度。

(2)参数$\kappa$的选择。含有范数约束项的 LMS 算法均需要设置参数$\kappa$,参数$\kappa$表示零吸引的力度[89,90],即参数$\kappa$的增加将提升收敛速度。参数$\kappa$如果设置过大,那么容易产生大的稳态误差。因此,参数$\kappa$的选择需要在稳态误差和收敛速率之间进行权衡。

(3)参数$\delta$的选择。$p$-LMS 算法中含有参数$\delta$,参数$\delta$是控制$p$迭代步长的常数因子,该值需在算法的优化精度和优化速率之间做出取舍。

### 4.1.4 海试验证

本小节分别对在中国厦门进行的"2013-1 五缘湾"海试和在美国夏威夷进行的"2008-1 Kauai"海试数据进行处理,利用海上实验获得的实测数据对各种信道估计算法的性能进行验证。在两次海试中,前者属于典型的浅海信道,信道抽头的幅度变化比较剧烈,并且伴有约两簇的多径产生,声速梯度变化不大;后者水深达 400m,声速梯度变化相比前者更大,信道多径特征明显,约有四簇多径,并且伴有微弱的时延扩展现象,关于本次实验的更多相关细节可参考文献[111]。

众所周知,数字通信的目的就是恢复发送信号,即恢复发送端的数据。虽然复杂的水声物理特性严重影响了水声通信技术的发展,但结合水声信道稀疏特征所开发的水声信道估计方法能有效地提高通信质量。由于水声信道估计的精准度关系到均衡器的性能,同时考虑到本书后续章节将会用几种对比算法对水声信道估计的效果进行评估,因此有必要先介绍基于信道估计的判决反馈均衡器(以下简称判决器)(CE-DFE)的工作原理。选取 CE-DFE 主要是由于文献[112]提出的 CE-DFE 较 LMMSE 均衡器和基于时反技术的均衡器有着更为优越的性能。

若采用 CE-DFE 来恢复发送端的数据$s$,则 CE-DFE 的工作原理可表示为

$$\tilde{s} = g_{\text{ff}} y + g_{\text{fb}} \bar{s} \tag{4-26}$$

判决输出为

$$\bar{s}[i] = \text{sgn}(\tilde{s}) \tag{4-27}$$

在式(4-26)和式(4-27)中,$\tilde{s}$和$\bar{s}$分别表示估计的符号值和判决器的输出值。前向滤波器$g_{\text{ff}}$和后向滤波器$g_{\text{fb}}$分别根据以下两式进行计算:

$$g_{\text{ff}} = \frac{h_0}{h_0 h_0^{\text{H}} + \sigma_n^2 I + H_0 H_0^{\text{H}}} \tag{4-28}$$

## 第4章 稀疏水声信道的估计算法

$$g_{fb} = -H_{fb}g_{ff} \quad (4\text{-}29)$$

式中，$H_0$、$h_0$ 和 $H_{fb}$ 可由卷积矩阵 $H$ 获得，卷积矩阵 $H$ 由估计的信道冲激响应函数组成：

$$H = \begin{bmatrix} h[0], & \cdots & h[N-1] & \cdots & 0 \\ 0, & \cdots & h[N-2] & \cdots & 0 \\ & \ddots & \ddots & \ddots & \\ 0, & h[0] & h[0] & \cdots & h[N-1] \end{bmatrix} = \begin{bmatrix} H_0 & |h_0| & H_{fb} \end{bmatrix} \quad (4\text{-}30)$$

### 1. "2013-1 五缘湾" 海试数据

本小节旨在测试 $p$-LMS 和简化版 $p$-LMS 算法与传统算法 LMS、$l_0$-LMS、$l_1$-LMS 和 IPNLMS 算法的性能差别，采用的数据来自厦门 "2013-1 五缘湾" 海试。在实验中，收发端分别距离水面约 12m 和 7m，收发距离都为 1km 左右；载频为 16kHz，带宽范围为 13～18kHz；调制格式为二进制相移键控（BPSK），信号发送速率为 6.4kb/s；接收信号的信噪比大约为 14dB。声速梯度如图 4-3 所示。

在实验中，各种算法的信道冲激响应阶数为 50，采用 MATLAB 软件实现自适应信号的处理，以 $p$-LMS、简化版 $p$-LMS、$l_0$-LMS 算法和 LMS 算法这 4 种算法作为对比，算法的参数选择是在相同步长参数下进行对比后选定的，并列于表 4-5 中。实验中采用的均衡器为 CE-DFE[112]，在均衡器的设置中，前向和后向滤波器长度分别设置为 $N_{ff} = 100$ 和 $N_{fb} = 49$ 个抽头。这些参数的选择是通过多次实验以获得最小的误码率（BER）为准则的。

表 4-5 "2013-1 五缘湾" 海试所用各种算法参数的选择

| 算法 | $\mu$ | $\kappa$ | $\varepsilon$ | $\alpha$ | $\delta_{ip}$ | $\delta$ | $T$ |
|---|---|---|---|---|---|---|---|
| LMS | $3\times10^{-3}$ | NA | NA | NA | NA | NA | NA |
| $l_1$-LMS | $3\times10^{-3}$ | $3\times10^{-4}$ | NA | NA | NA | NA | NA |
| $l_0$-LMS | $3\times10^{-3}$ | $3\times10^{-4}$ | NA | NA | NA | NA | NA |
| IPNLMS | 0.02 | NA | NA | −0.5 | $1\times10^{-4}$ | $1\times10^{-4}$ | NA |
| $p$-LMS | $3\times10^{-3}$ | $3\times10^{-4}$ | $1\times10^{-4}$ | NA | NA | $1\times10^{-2}$ | 10 |
| 简化版 $p$-LMS | $3\times10^{-3}$ | $5\times10^{-4}$ | $1\times10^{-4}$ | NA | NA | $5\times10^{-2}$ | 10 |

"2013-1 五缘湾" 海所用各种算法的 BER 平均值的 BER 平均值如表 4-6 所示，可以看出，LMS 算法产生的 BER 最大，$l_1$-LMS、$l_0$-LMS 算法次之；简

化版 $p$-LMS 算法所得到的 BER 有所改善，与 IPNLMS 算法相仿；$p$-LMS 算法得到最低的 BER 曲线；NNCLMS 算法接近 $p$-LMS 算法的性能。经分析可知，利用稀疏约束进行水声信道估计的效果显著，同时由于 $p$-LMS 算法能充分利用不同范数参数可调节约束优势，因此得到了更好的水声信道估计结果。$p$-LMS 算法采用对 $p$ 参数的调节，可自适应地匹配水声信道稀疏结构的变化。

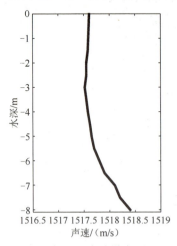

图 4-3　声速梯度

表 4-6　"2013-1 五缘湾"海所用各种算法的 BER 平均值

| 算法 | LMS | $l_1$-LMS | $l_0$-LMS | IPNLMS | $p$-LMS | 简化版 $p$-LMS |
| --- | --- | --- | --- | --- | --- | --- |
| BER（%） | 9.39 | 9.33 | 9.03 | 10.86 | 7.45 | 7.97 |

下面讨论关于本次海试所用各种算法参数的选择：

（1）参数 $\mu$ 的选择。各算法的步长参数 $\mu$ 是各参数中影响最大，也是最为关键的一个。针对本次实验的水声环境，为体现对比效果，把各种算法的步长参数 $\mu$ 设置为相同数值。

（2）参数 $\kappa$ 的选择。如前所述，含范数约束项的 LMS 类算法都含有该参数，且参数 $\kappa$ 的增加将提升收敛速度，但如果参数 $\kappa$ 值过大，容易造成稳态误差增大。因此，需要综合考虑实际情况在稳态误差和收敛速率之间的平衡关系。

（3）参数 $\delta$ 的选择。该参数的选择参照仿真验证部分进行选择。

2. "2008-1 Kauai"海试数据验证

为综合分析和对比本章提出的各种算法的性能，现采用 Aijun Song 提供的来自"2008-1Kauai"海试数据对算法进行验证[111]。该实验是在 2008 年 6 月 16 日

## 第4章 稀疏水声信道的估计算法

—7月2日于夏威夷（Kauai）附近海域完成的，本节实验所用数据摘自当年6月30日22点14分开始的数据片段。相关实验环境参数如下：搭载声源的拖船运动速度为3节（knot），声源深度为50m；水深约为400m，水听器放置水下106m深处；收发装置相距1.8km，实验载波的中心频率和带宽分别为17kHz和6kHz，采用时长为8s的BPSK信号作为发送信号，传输符号率为4ksym/s。声速梯度如图4-4所示，从图中可以看出负声速梯度比较明显。对实验数据，采用文献[111]中的式（3-4）所提出的方法进行多普勒漂移估计，得到的频移值约为14.4Hz。以训练单元长度为800的数据点（采样点）进行信道估计。

把每种算法估计得到的信道冲激响应函数输入判决反馈均衡器（CE-DFE）中，直至数据包结束，以检验各种算法估计的性能。水声信道长度设置为 $N=200$ 个抽头，即50ms的时间长度。"2008-1 Kauai"海试所用各种算法参数的选择如表4-7所示。

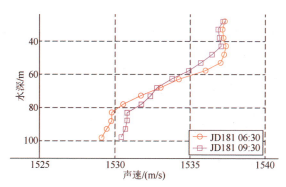

图4-4 "2008-1 Kauai"海试声速梯度

表4-7 "2008-1 Kauai"海试所用各种算法参数的选择

| 算法 | 参数 | | | | | | |
|---|---|---|---|---|---|---|---|
| | $\mu$ | $\kappa$ | $\varepsilon$ | $\alpha$ | $\delta_{ip}$ | $\delta$ | $T$ |
| LMS | $4\times10^{-3}$ | NA | NA | NA | NA | NA | NA |
| $l_1$-LMS | $4\times10^{-3}$ | $4\times10^{-4}$ | NA | NA | NA | NA | NA |
| $l_0$-LMS | $4\times10^{-3}$ | $4\times10^{-4}$ | NA | NA | NA | NA | NA |
| IPNLMS | $4\times10^{-3}$ | NA | NA | $-0.5$ | $1\times10^{-4}$ | $1\times10^{-4}$ | NA |
| $p$-LMS | $3\times10^{-3}$ | $3\times10^{-4}$ | $1\times10^{-4}$ | NA | NA | $1\times10^{-2}$ | 10 |
| 简化版 $p$-LMS | $3\times10^{-3}$ | $2\times10^{-4}$ | $1\times10^{-4}$ | NA | NA | $5\times10^{-2}$ | 10 |

采用 CE-DFE[112]来验证 LMS 及其改进算法的实验效果,并采用 BER 作为评价指标。在均衡器的设置中,前向和后向滤波器长度分别设置为 $N_\text{ff}=240$ 个抽头和 $N_\text{fb}=119$ 个抽头。这些参数的设置是通过多次实验以获得最小的误码率(BER)为准则的。

本书中所提的简化版 $p$-LMS 算法和 $p$-LMS 算法由于其对稀疏约束项具有一定的调节能力,因此表现出较好的稀疏度适应性。各种算法得到的 BER 平均值如表 4-8 所示,可以看出 LMS 算法产生的 BER 值最大,$l_1$-LMS 算法次之,$l_0$-LMS、IPNLMS 及简化版 $p$-LMS 算法所得到的 BER 值相仿,而 $p$-LMS 算法得到的 BER 值最低。可知,利用稀疏约束进行水声信道估计的效果显著,而 $p$-LMS 算法能充分利用 $l_0$ 范数和 $l_1$ 范数计算出水声信道的稀疏度,因此,可更加精确地估计出水声信道冲激响应函数,从而使对应的均衡器获得最小的 BER 值。$p$-LMS 算法通过对参数 $p$ 的调节,可自适应地匹配水声信道稀疏结构的变化。

表 4-8 "2008-1Kauai"海试所用各种算法的 BER 平均值

| 算法 | LMS | $l_1$-LMS | $l_0$-LMS | IPNLMS | $p$-LMS | 简化 $p$-LMS |
| --- | --- | --- | --- | --- | --- | --- |
| BER | 0.0525 | 0.0521 | 0.0515 | 0.0473 | 0.0383 | 0.0392 |

下面讨论各种算法参数的选择。首先,各种算法的步长参数 $\mu$ 是各参数中影响最大,也是最关键的一个。针对本次稀疏度变化的水声环境,该值在保证算法收敛的情况下,为体现各种算法的对比效果,将各种算法的步长参数 $\mu$ 设置为相同数值。参数 $\kappa$ 和参数 $\delta$ 的选择参照仿真验证部分,根据实际数据的最小 BER 值进行设置。

综合 4.1.4 节的海试验证结果,可以看出,水声信道具有明显的稀疏结构特征,并且非零信道抽头值的位置发生了变化。这些变化对逐块估计算法造成一定的影响,但施加了稀疏约束后的算法性能相比于 LMS 算法有所改善。本书所提的简化版 $p$-LMS 和 $p$-LMS 算法由于迭代式中包含对稀疏约束项的调节,因而表现出了较好的适应信道稀疏度变化的能力。从上述几种算法参数的调节对比效果来看,$p$-LMS 算法需调整和设置的参数较少,更易于实际应用。

## 4.2 稀疏水声信道的矩阵估计算法

与基于输入信号向量和信道冲激响应函数卷积的稀疏水声信道的向量估计不同,本节介绍由发送信号构成的卷积矩阵(托普利兹矩阵)为框架的稀疏水声信道矩阵估计算法。矩阵估计算法主要适用于慢衰落信道,即信道是在一定时间

# 第4章 稀疏水声信道的估计算法

内被认为是平稳的[87]。相对于向量估计方法而言，虽然矩阵估计算法在硬件上需要有额外的用于存储矩阵单元的开销，但是这样的处理也将减少像向量估计那样长的训练序列[65,113,114]。

在卷积矩阵框架内对信道冲激响应进行周期性估计。典型的算法有最小二乘法（Least-Square，LS），线性最小均方误差（Linear Minimum Mean-Squared Error，LMMSE）等估计器[87]，如果把水声信道的稀疏性加以利用，那么容易使矩阵估计算法与压缩感知技术融合，从而改进传统的稀疏水声信道估计算法。本章提出了基于近似零伪范数约束的稀疏水声信道矩阵估计。在此基础上，对算法进一步扩展，充分利用水声信道的簇稀疏结构，提出基于近似零伪范数约束的簇稀疏水声信道的矩阵估计算法。从某种意义上讲，基于近似零伪范数约束的稀疏水声信道矩阵估计算法是簇稀疏框架下的一个特例，本节将相继给出这些算法的理论分析，再结合数值仿真和海试数据对这些算法进行验证。

## 4.2.1 问题描述

矩阵估计算法最早出现在无线信道估计中，例如，用于正交频分复用（Orthogonal Frequency Division Multiplexing，OFDM）系统的信道矩阵估计[87]、单载波无线信道基于匹配追踪的矩阵估计算法。水声通信与无线通信不同，前者具有明显的时延和变化的稀疏结构特征，这给水声通信带来了很大的困难[115]。结合信号处理中压缩感知技术，具体分析水声信道估计中多径造成的时延及变化的稀疏结构问题。记发送信号为 $s(t)$，接收信号为 $y(t)$，稀疏水声的时变信道为 $h(t,\tau)$，加性高斯白噪声为 $w(t)$。其中，时延记为 $\tau$，实际时间记为 $t$，假设在观测窗口 $M$ 长度内信道函数不变，则离散的输入输出关系可表示为

$$y[i] = \sum_{j=1}^{N-1} s^*[i-j+1]h[i,j] + w[i] \qquad (4\text{-}31)$$

$$y[i] = y(i\Delta t), \ i = 0,\cdots,M-1 \qquad (4\text{-}32)$$

$$s[i] = s(i\Delta t), \ i = 0,\cdots,M-1 \qquad (4\text{-}33)$$

$$h[i,j] = h(i\Delta t, \tau_0 + (j-1)\Delta\tau), \ i = 0,\cdots,M-1, j = 0,\cdots,N-1 \qquad (4\text{-}34)$$

式中，$\tau_0$ 为参考时延；$N$ 为最大时延采样维数，也称为信道长度。

设由发送信号组成的维数为 $M \times N$ 的矩阵 $A$ 为

$$A^{\{k\}} = \begin{bmatrix} s[0], & s[-1], & \cdots, & s[-N+1] \\ s[1], & s[0], & \cdots, & s[-N+2] \\ \vdots & \vdots & & \vdots \\ s[M-1], & s[M-2], & \cdots, & s[M-N] \end{bmatrix} \qquad (4\text{-}35)$$

在 $i$ 时刻的输入输出关系可表示为

$$y = Ah + n \qquad (4\text{-}36)$$

式中，$n$ 是维数为 $M \times 1$ 的白噪声。值得注意的是，式（4-36）成立的前提是假设在 $s[0] \sim s[M-N]$ 时间长度内水声信道为时不变信道。

式（4-36）中的 $h$ 估计问题可由最小均方误差算法来表示[111,116]。观测窗口长度 $M$ 应正比于信道长度，才能保证算法的稳定性。长时延的信道则需要设置很大的 $M$ 值，限制了该算法在水声信道估计中的实际应用。

目标是在较小 $M$ 值下解决式（4-36）中的 $h$ 估计问题，即需要设计一个快速有效的算法用于估计长时延的水声信道。当 $M < N$ 时，式（4-36）变成一个欠定问题，也就是说，$M < N$ 导致水声信道估计问题将有无数个解。研究发现，结合信道冲激响应中的稀疏度，可解决式（4-36）在 $M < N$ 下成为压缩感知问题。按照压缩感知理论[117,118]，测量矩阵 $A$ 应满足约束等距特性（RIP）条件，即

$$(1-\delta_\kappa)\|h\| \leq \|Ah\| \leq (1+\delta_\kappa)\|h\| \qquad (4\text{-}37)$$

式中，$\|h\|$ 是信道冲激响应函数的欧氏范数。如果 $\delta_\kappa \ll 1$，那么测量矩阵 $A$ 有很大的概率重构出稀疏度为 $\kappa/2$ 的信号 $h$。信号 $h$ 的稀疏度 $\kappa/2$ 是指信号 $h$ 最多有 $\kappa/2$ 个非零信道抽头值。如果要得到稀疏度为 $\kappa$ 的稀疏信号，那么对应的常数为 $\delta_{2\kappa}$。在实际应用中，很难直接检验测量矩阵 $A$ 是否满足这一条件。

幸运的是，大部分随机矩阵都以高概率满足 RIP 条件，例如，文献[119]给出了约束等距特性从实数域到复数域的应用及约束等距常数。基于这些理论，提出了快速矩阵向量相乘算法并把它用于压缩感知中。

式（4-37）中测量矩阵 $A$ 意味着在 $M < N$ 时，可采用压缩感知方法来获取稀疏水声信道。也就是说，可把稀疏水声信道估计问题转化为压缩感知问题。

### 4.2.2　基于压缩感知的矩阵估计算法

目前，广泛采用的稀疏水声信道估计算法包括基于最小均方误差（Least Mean Square，LMS）及其稀疏化后的算法、基于 $l_1$ 范数约束的算法、基于 $l_0$ 范数约束的算法。

基于最小均方误差的算法获得的估计信道容易产生微弱多径，甚至虚假多径。为解决这一问题，一种做法是加入稀疏化的阈值，可减小这种虚假或微弱多径的产生；另一种做法是在最小均方误差的代价函数中引入稀疏约束项[84]，可在一定程度上提高信道估计的精度。该算法的优势是算法结构简单，但需要较长的训练序列。

# 第4章 稀疏水声信道的估计算法

在基于$l_1$范数约束的算法中，比较典型的有匹配追踪（Matching Pursuit，MP）[120]和正交匹配追踪（Orthogonal Matching Pursuit，OMP）[121]，文献[122]将该算法引入水声信道估计。匹配追踪和正交匹配追踪的区别：后者在前者迭代的基础上，将信号的正交分量投影到原子集合中。该投影步骤能使算法避免冗余选择原子集合。然而，贪心算法实际上不是全局最优[122]值。本书将这两类算法作为经典算法，在后续章节再进行对比。

为了避免直接求$l_0$范数而产生的非确定性多项式（Nondeterministic Polynomial，NP）难题[73]，基于$l_0$范数约束的算法大部分采用近似$l_0$范数作为稀疏约束项[72,84]，对水声信道进行估计。事实上，对稀疏性的辨识，理论上是求解最小$l_0$范数问题，而直接求解最小$l_0$范数在实际问题处理中无法实现，才会用求解近似$l_0$范数或者$l_1$范数来代替。从目前现有的文献可看出，求解近似$l_0$范数比$l_1$范数能更好地接近$l_0$范数，从而保证效果更优。

对于具有离散稀疏分布特性的多径信道，其多径分量也具有离散稀疏分布的特点。经典的近似$l_0$范数或$l_1$范数稀疏估计方法能较好地反映并评估此类稀疏特征，从而改善信道估计精度。然而，在海洋信道的水声传播过程中，水声信道介质非均匀、界面连续反射等特性将导致声线以簇状传播并到达接收点。此时，信道多径稀疏分布表现为簇状，从而构成具有块分布特点的稀疏结构。对于具有块稀疏性的水声信道，用经典的范数约束方法不能很好地挖掘水声信道所含有的块状结构，进而影响算法对块稀疏结构的估计精度。文献[123]提出了水声信道具有块稀疏特征，并采用基于最小均方误差和帧测试的方法，对具有块稀疏性的水声信道进行估计。然而，该方法需要两步协调计算，算法的参数设置也比较烦琐，其性能表现与OMP算法的类似，或略高于OMP算法精度。

在压缩感知框架下文献[124]提出分块稀疏思想，并将OMP算法扩展为（Block Orthogonal Matching Pursuit，BOMP）算法。BOMP算法在无噪声环境下或高信噪比时，性能较OMP更加优越。文献[124]从理论上分析了对于块稀疏信号恢复的问题，对测量矩阵列的非相关性要求比传统稀疏信号恢复问题下对测量矩阵列的非相关性要求更加宽松，即对列的相关性的容忍上限进一步提高。但是，BOMP算法在噪声情况下恢复块状稀疏信号的鲁棒性将降低。

1. 水声信道矩阵稀疏模型

在本小节中，介绍测量矩阵、约束等距特性（Restricted Isometry Property，

RIP）和块稀疏概念和定义。这些概念有助于理解后续内容，并由此引出水声通信的块稀疏信道模型。

首先，用 $\{a_i\}_{i=1}^{m+n-1}$ 表示发送端的 $m+n-1$ 个训练序列，该训练序列通过水声信道 $\mathbf{h} \in C^{n\times 1}$ 传输，得到接收信号 $\mathbf{y} \in C^{m\times 1}$。特别地，本书中的发送信号采用 QPSK（Quadrature Phase Shift Keying）调制，即发送信号实部和虚部各自出现 1 和 -1 的概率都为 0.5。信号的输入输出关系表示为

$$\mathbf{y} = \mathbf{Ah} + \mathbf{w} \tag{4-38}$$

式中，$\mathbf{w}$ 为加性高斯白噪声。

本书假设噪声项服从独立高斯分布 $N(0,\sigma^2)$，定义 $m\times n$ 维数的托普利兹（Toeplitz）矩阵 $\mathbf{A}$ 为测量矩阵，该矩阵具体构成如下：

$$\mathbf{A} = \begin{bmatrix} a[i+n-1], & a[i+n-2], & \cdots, & a[i] \\ a[i+n], & a[i+n-1], & \cdots, & a[i+1] \\ \vdots & \vdots & & \vdots \\ a[i+n+m-2], & a[i+n+m-3], & \cdots, & a[i+m-1] \end{bmatrix} \tag{4-39}$$

对给定的测量矩阵能否成功恢复稀疏信号，一个重要的判断标准是看其是否满足约束等距特性。约束等距特性定义如下。

假设 $\mathbf{A}_t$ 是维数为 $m\times t$ 的矩阵，该矩阵是从维数为 $m\times n$ 的 $\mathbf{A}$ 矩阵中抽取出来重新组成的，且满足 $t \subset \{1,2,\cdots,n\}$，则 RIP 常数 $\delta_\kappa$ 为满足以下不等式的最小正数：

$$(1-\delta_\kappa)\|\mathbf{h}_t\| \leq \|\mathbf{A}_t\mathbf{h}_t\| \leq (1+\delta_\kappa)\|\mathbf{h}_t\| \tag{4-40}$$

对所有的子集 $t$，满足 $t \leq \kappa$，且 $\mathbf{h}_t \in C^{t\times 1}$。其中 $\kappa$ 表示 $\mathbf{h} \in C^{N\times 1}$ 的稀疏度，即信道中非零信道抽头的个数。

托普利兹矩阵的约束等距特性在文献[112]中有详细的论述，并已证明托普利兹矩阵可以极高的概率有效恢复稀疏度为 $\kappa$ 的信号。

与块稀疏概念[20]类似，本书定义水声信道的块稀疏度概念如下。

假设水声信道为 $\mathbf{h} \in C^{n\times 1}$，则其块稀疏度 $\|\mathbf{h}\|_{2,0}$ 定义为

$$\|\mathbf{h}\|_{2,0} = |\mathrm{supp}(\|\mathbf{h}[l]\|)|, \quad 1 \leq l \leq L \tag{4-41}$$

式中，$n = Ld$，$d$ 为块的长度，并假设共有 $L$ 个块。用 $\mathbf{h}[l]$ 表示第 $l$ 个块，具体表示为

$$\mathbf{h} = [\underbrace{h_1 \cdots h_d}_{\mathbf{h}^T[1]} \cdots \underbrace{h_{(l-1)d+1} \cdots h_{ld}}_{\mathbf{h}^T[l]} \cdots \underbrace{h_{n-d+1} \cdots h_n}_{\mathbf{h}^T[L]}]^T \tag{4-42}$$

一个块稀疏度为 $\kappa$ 的信号，满足 $\|\mathbf{h}\|_{2,0} \leq \kappa$。可以看出，如果 $d=1$，那么块稀疏度

## 第4章 稀疏水声信道的估计算法

退化为传统意义上的稀疏度。

### 2. 块稀疏水声信道估计算法

针对水声信道出现的块稀疏通信信道，本书推导了块（Block）稀疏近似零范数恢复迭代算法，并对水声信道 $\boldsymbol{h} \in C^{n \times 1}$ 进行估计。水声块稀疏信道估计要解决的问题可以表示为

$$\min_{\boldsymbol{h}} \|\boldsymbol{h}\|_{2,0} \quad \text{s.t.} \quad \boldsymbol{Ah} = \boldsymbol{y} \tag{4-43}$$

在实际应用中，因噪声不可避免地存在，故水声块稀疏信道估计问题转化为

$$\min_{\boldsymbol{h}} \|\boldsymbol{h}\|_{2,0} \quad \text{s.t.} \quad \|\boldsymbol{y} - \boldsymbol{Ah}\| < \varepsilon \tag{4-44}$$

式中，$\varepsilon$ 为与噪声能量有关的非负实数。

与文献[84]所提的 AL0 算法不同，BAL0（Block Approximated L0）算法首先对信道进行分块，然后对所分的块进行块稀疏识别，最后对所选的块稀疏进行抽头估计。BAL0 算法迭代过程如下。

给定：发送信号构成的测量矩阵 $\boldsymbol{A} \in C^{m \times n}$，接收信号 $\boldsymbol{y} \in C^{m \times 1}$，算法终止阈值条件为 $\sigma_{th}$，迭代次数为 $J$，步长为 $\mu$，块的大小为 $d$。

初始化：$\boldsymbol{h}_0 = \boldsymbol{A}^\dagger \boldsymbol{y}$，$\sigma_0 = \max(|\boldsymbol{h}_0|)$。

迭代过程：

当 $\sigma_j < \sigma_{th}$，停止迭代并输出估计结果，否则进行如下迭代：

For j=1: J

复数域的最陡梯度法求最小值：

$$\tilde{\boldsymbol{h}}_{j+1} = \boldsymbol{h}_j - \mu \boldsymbol{h}_j \circ \left[ \boldsymbol{1}_{n \times 1} - \tanh^2\left( \frac{\boldsymbol{H}_{L \times 1} \otimes \boldsymbol{1}_{d \times 1}}{2\sigma_j^2} \right) \right]$$

投影到水声信道的可行空间计算：

$$\boldsymbol{h}_{j+1} = \tilde{\boldsymbol{h}}_{j+1} - \boldsymbol{A}^\dagger (\boldsymbol{A}\tilde{\boldsymbol{h}}_{j+1} - \boldsymbol{y})$$

End for

更新：$\sigma_{l+1} = \beta \sigma_l$。

当 $\sigma_j < \sigma_{th}$，停止迭代并输出估计结果，否则进行下一轮迭代。

复数域的最陡梯度法中，$\boldsymbol{H}_{L \times 1} = \{\|\boldsymbol{h}[1]\|_2^2, \cdots, \|\boldsymbol{h}[l]\|_2^2, \cdots, \|\boldsymbol{h}[L]\|_2^2\}^{\mathrm{T}}$ 且 $\boldsymbol{h}[l]$ 是按照式（4-44）进行的分块。

### 3. 算法性能评价指标

本小节介绍本书仿真和实验部分将采用的若干算法评价指标，包括均方差

(Mean Square Error,MSE)、成功恢复概率(Probability of Successful Recovery,PSR)、误码率(Bit Error Rate,BER)、均衡器输出信噪比(Output Signal Noise Ratio,OSNR)和剩余误差(Residual Error,RE)。

在仿真中,已知稀疏水声信道各抽头系数,因此,对用于信道估计的各种算法,可采用 SNR(单位为 dB)来衡量,SNR 定义为

$$\text{SNR} = 10 \times \log_{10} \frac{\|\boldsymbol{h}\|_2^2}{\|\boldsymbol{h}-\overline{\boldsymbol{h}}\|_2^2} \quad (4\text{-}45)$$

式中,$\overline{\boldsymbol{h}}$ 为估计的稀疏水声信道。

定义各种算法成功恢复的概率如下:如果估计的稀疏水声信道的信噪比不小于原始给定的稀疏水声信道,那么认为算法成功恢复;否则,认为算法计算失败。算法成功恢复概率可通过将成功恢复的次数除以算法总运行次数而得到。

在海试中,精确的信道信息无法直接获得。为了进一步评价各种算法下的信道估计精度,本书采用基于信道估计的判决反馈均衡器[112](Channel Estimation Based Decision Feedback Equalizer,CE-DFE)来恢复发送信号。同时,基于信道估计的发送信号,把该均衡器的输出信噪比(Output Signal Noise Ratio,OSNR)定义为

$$\rho_{\text{OSNR}} = 10 \times \log_{10} \frac{\|\boldsymbol{a}\|_2^2}{\|\overline{\boldsymbol{a}}-\boldsymbol{a}\|_2^2} \quad (4\text{-}46)$$

式中,向量 $\boldsymbol{a}$ 为用于构造测量矩阵的发送信号,$\overline{\boldsymbol{a}}$ 为 CE-DFE 的输出信号。另外,本书采用 RPE 参数,基于恢复的稀疏水声信道 $\overline{\boldsymbol{h}}$ 的计算,把该参数定义为

$$\rho_{\text{RPE}} = 10 \times \log_{10} \|\boldsymbol{y}-\boldsymbol{A}\overline{\boldsymbol{h}}\|_2^2 \quad (4\text{-}47)$$

在本书中,算法的恢复成功概率将用于仿真信道中,BER、OSNR 和 RPE 用于实验数据分析中。

### 4.2.3 数值仿真分析

为验证本书所提算法的有效性,本书采用 Bellhop 模型进行块稀疏水声信道的构建。设置一个发射源和一个接收端,它们在水下的深度分别为 10m 和 20m,两者的距离为 1000m,水深为 100m,如图 4-5 所示。默认为均匀声速。发射信号采用 BPSK 调制,符号发送速率为 4k sym/s。图 4-6 所示为该仿真信道的归一化冲激响应函数绝对值,从图 4-6 可看出,仿真信道的冲激响应具有明显的块稀疏结构,即非零信道抽头系数在时间延迟坐标轴上呈块状分布。BAL0 算法有效地

利用了这一点，对信道进行估计，并与 OMP 算法和及 BOMP 算法进行比较。

仿真中的信道参数有信道估计器的阶数 $n=840$ 及稀疏度 $\kappa=14$，该稀疏度即仿真信道的实际多途信道数。仿真中所设算法的参数有 BOMP 算法和 BAL0 算法的块长度，在本次实验中块长度都设置为 $d=4$。实验中叠加高斯白噪声作为背景噪声两部分，分别在 60dB 和 10dB 两种情况下测试各算法的性能。仿真运算次数都设置为 100 次，取平均值进行对比。对 BAL0 算法，各循环迭代次数 $J=4$，步长衰减因子 $\beta=0.9$，算法终止阈值 $\sigma_{th}=10^{-4}$。

对于 60dB 的高信噪比情况，各算法所采用的托普利兹矩阵行数 $m$ 从 25 变到 100，按照变化间距为 25 的原则进行设置。在每种设置下，各种估计算法独立运行 100 次，并设置当恢复信道的信噪比达到 60dB 时认为是成功恢复；否则，判定为失败。用成功恢复的次数除以总运行次数 100，即可得到高信噪比环境下各种算法对信道估计的成功恢复概率，如图 4-7 所示。可以看出，在该条件下，能有效利用信道块稀疏分布结构特性的 BAL0 算法和 BOMP 算法优于经典的稀疏估计算法——AL0 算法和 OMP 算法。其中，本书所提的 BAL0 算法由于采用了近似零范数约束，以及利用了信道的块稀疏分布结构，信道估计的效果较好，以较少的测量次数便可成功估计块稀疏水声信道。

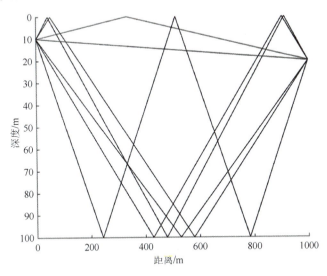

图 4-5　仿真信道特征声线

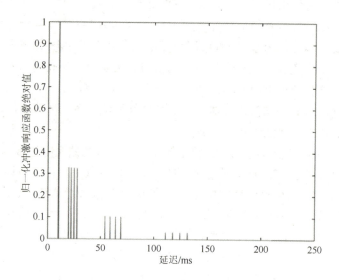

图 4-6 仿真信道的归一化冲激响应函数绝对值

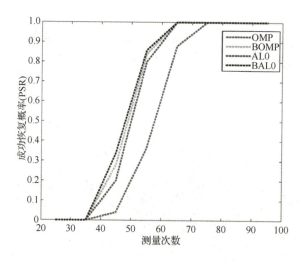

图 4-7 信噪比为 60dB 环境下各种算法对信道估计的成功恢复概率

对于低信噪比的情形,本次实验设置其信噪比为 10dB,各种算法所采用的托普利兹(Toeplitz)矩阵行数 $m$ 为 25~250,以间距为 25 进行设置。在每种设置下,各种估计算法独立运行 100 次。当恢复信道的信噪比达到 10dB 及以上时,则认为是成功恢复；否则，判定为失败。信噪比为 10dB 环境下各种算法对信道估计的成功概率如图 4-8 所示，可以看出，在该条件下，由于采用了近似零范数，使得 BAL0 算法和 AL0 算法能在较强噪声背景下，以比 OMP 及 BOMP 算法更少的测量次数，成功估计稀疏信道。本书所用 BAL0 算法性能优于 AL0 算法，而 BOMP 算法在噪声环境下的鲁棒性下降明显，从而需要更多的测量次数才能成功估计出信道。同时也可以看出，矩阵行数 $m$ 过小也会影响算法对稀疏信道的恢复能力。

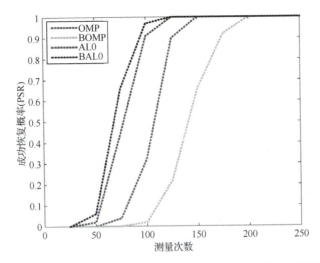

图 4-8 信噪比为 10dB 环境下各种算法对信道估计的成功概率

为考察本书所用算法中的 BAL0 算法搜索块长度参数对实验效果的影响，本次实验把信噪比设置为 20dB，各种算法所采用的托普利兹矩阵行数 $m$ 分别为 40 和 50，算法的搜索块长度 $d$ 从 1 逐渐增加到 6。将 BAL0 算法独立运行 100 次，其对信道估计的成功概率如图 4-9 所示。可以看出，BAL0 算法在块长度为 1 时，退化为 AL0 算法，即两者具有相同的性能表现；当块长度设置为 2 或 3 时，性能有明显提升；进一步增加 BAL0 算法的块长度，性能与 AL0 算法相比有所下降。这是因为当算法的块长度设置过大时，不利于算法对块稀疏多径特征的检测，反而降低了算法信道估计的精确性。

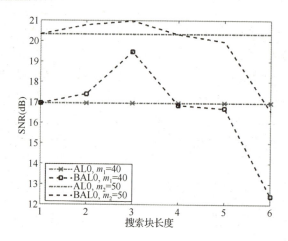

图 4-9 信噪比为 20dB 时，BAL0 算法块长度系数 $d$ 对算法的影响

### 4.2.4 海试验证

本小节旨在测试各算法在真实海试验证数据性能，考虑到真实水声信道无法精确获知，因此本节采用基于信道估计的判决反馈均衡器（CE-DFE）[112]来衡量各种算法的信道估计性能。首先，介绍 CE-DFE 的结构及其工作原理；然后，结合实际海试验证数据对各种算法进行评估。

#### 1. CE-DFE 简介

水声通信的目标是准确地恢复发送信号，而对水声信道冲激响应函数的估计则是为下一步均衡器做准备。因此，信道估计的精确程度直接影响均衡器的效果，文献[21]已将 CE-DFE 与传统 DFE 对比并描述了其优良性能，本书采用该类型均衡器评估水声信道恢复性能。

#### 2. 海试数据

本次海试在厦门五缘湾海域进行，该海域水深约为 9m。实验所用水声通信系统采用 1 发 4 收模式，发射源深度为 3m，4 元垂直接收阵的阵元间距为 1.5m，最上端接收阵元距水面 1m，收发距离为 1km，海试收发设置及实验海试的声速梯度分别如图 4-10（a）和图 4-10（b）所示。通信信号采用正交相移键控（QPSK）调制，符号发送速率为 4k sym/s，中心频率为 16kHz。实验中原始接收信号的信噪比为 14dB。

## 第4章 稀疏水声信道的估计算法

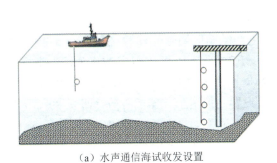

（a）水声通信海试收发设置　　　　　（b）实验海域的声速梯度

图 4-10　水声通信海试

图 4-11 中展示的是 BOMP 算法获得的海试 SIMO 系统 4 个信道的冲激响应幅度。从图 4-11 中的 4 个信道图可以看出，各信道除直达路径有相同特征外，其他到达路径变化明显，块稀疏的特征也不尽相同，具有不同的稀疏结构和块稀疏特征。

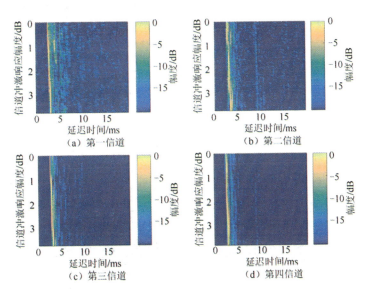

（a）第一信道　　　　　　　（b）第二信道

（c）第三信道　　　　　　　（d）第四信道

图 4-11　BOMP 算法所得到的 4 个信道的冲激响应幅度

### 3. 算法性能

把 BAL0 算法和其他 3 种传统算法（AL0 算法、OMP 算法、BOMP 算法）进行对比。考虑到真实环境中水声信道冲激响应函数无法精确获取，本书采用 CE-DFE 评价各种算法的性能，并采用 BER、OSNR 和 RPE 参数作为评价指标。

采用周期性序列训练策略，每个数据模块包含 160 个已知训练序列和 480 个未知待估计的信号序列。水声信道阶数设置为信道估计器的阶数，即 $n=80$；矩阵行数 $m=160$；稀疏度 $\kappa=12$，块长度 $d=2$。对 AL0 算法和 BAL0 算法，各循环迭代次数 $J=4$，步长衰减因子 $\beta=0.7$，算法终止阈值 $\sigma_{th}=10^{-4}$。采用 4 通道 CE-DFE 进行信道估计及判决反馈均衡，再将估计的发送信号输入信道估计器，作为训练信号进行下一次循环。CE-DFE 前馈和反馈滤波器长度分别设置为 160 个和 79 个抽头。以上这些参数的设置均是以使各种算法性能达到最优为准则。

图 4-12 是不同信道估计算法对应的均衡器输出误码率（BER），可以看出，OMP 算法的误码率较高，BAL0 算法结合了近似零范数及信道块稀疏的特点，误码率最低。平均误码率见表 4-9，可以看出，BOMP 算法利用了信道块稀疏的特点，使得误码率比 OMP 算法更低，达到 0.6723%，而本书所用 BAL0 算法较传统算法性能更优，可使 BER 达到最低值 0.5836%。

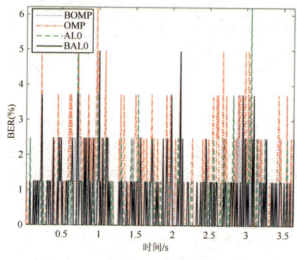

图 4-12　不同信道估计算法对应的均衡器输出的误码率（BER）

$\rho_{OSNR}$ 的定义见式（4-46），图 4-13 表示不同信道于计算法（BOMP、OMP、AL0、BAL0）对应的 CE-DFE 输出的信噪比。结合表 4-9 给出的平均值，可知，

OMP 算法得到的 $\rho_{OSNR}$ 值最低，为 8.5733dB。相比之下，BOMP 算法因采用了信道块稀疏的特点，得到的 $\rho_{OSNR}$ 值较 OMP 算法更高，为 9.4029dB。而 BAL0 算法结合了近似零范数及信道块稀疏的特点，较传统算法性能更优，信噪比达到 10.0071 dB。

图 4-14 所示的 $\rho_{RPE}$ 见式（4-47），结合 BOMP、OMP、AL0、BAL0 这 4 种信道估计算法对应的 CE-DFE 输出的剩余误差和表 4-9 的平均值可以看出，OMP 算法得到的 $\rho_{RPE}$ 值最高，其值为 0.0998dB；BOMP 算法因采用了信道块稀疏的特点，得到的 $\rho_{RPE}$ 值比 OMP 算法更低，其值为 0.0877dB，BAL0 算法结合了近似零范数及信道块稀疏的特点，较传统算法性能更优，$\rho_{RPE}$ 达到 0.0774 dB。不同信道估计算法对应的星座图如图 4-15 所示，可以看出，基于 BAL0 算法得到的星座图较其他 3 种传统算法得到的星座图更加紧凑，表明其估计性能更好。

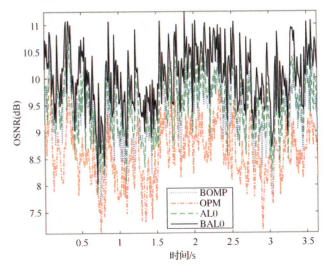

图 4-13　不同信道估计算法对应的 CE-DFE 输出的信噪比

图 4-16（a）、图 4-16（b）、图 4-16（c）、图 4-16（d）分别展示了第一信道中观测时间（Geotime）为 0.1s 时，采用不同算法得到的真实数据水声信道冲激响应幅度。从图 4-16 中可以看出，采用块稀疏结构的算法要比未采用块稀疏结构的算法更能估计出水声信道的细节，尤其是 BAL0 算法，能更精细地挖掘出多径分量的细节，从而有效地提高信道估计的精度。

表 4-9  不同算法下 BER、$\rho_{OSNR}$、$\rho_{RPE}$ 平均值

| 算法类型 | BOMP | OMP | AL0 | BAL0 |
| --- | --- | --- | --- | --- |
| BER（%） | 0.6723 | 1.2388 | 0.7098 | 0.5836 |
| $\rho_{OSNR}$（dB） | 9.4029 | 8.5733 | 9.4801 | 10.0071 |
| $\rho_{RPE}$（dB） | 0.0877 | 0.0998 | 0.0858 | 0.0774 |

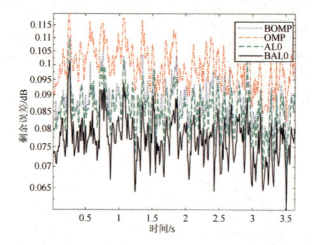

图 4-14  4 种信道估计算法对应的 CE-DFE 输出的剩余误差

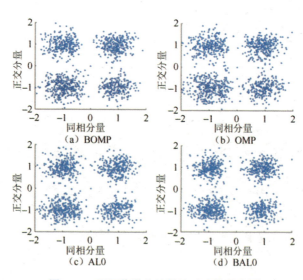

图 4-15  不同信道估计算法对应的星座图

## 第4章 稀疏水声信道的估计算法

考虑到块长度参数 $d$ 的设置将影响 BAL0 算法的性能，例如 $d=1$ 时，BAL0 算法退化到传统的 AL0 算法，而如果块长度设置得太大，也容易造成算法性能下降。为考察块长度参数对 BAL0 算法的影响，在 BAL0 算法其他参数不变的情况下，采用以下不同的块长度：1、2、4、5、8，进行信道估计及 CE-DFE 接收机解调，记录各种情况下接收机的 BER 平均值，列于表 4-10。可以看出，当块长度设置为 2 或 4 时，BAL0 算法的 BER 值低于 AL0 算法，即 BAL0 算法块长度为 1 时的 BER 值；若当块长度继续增加，则进一步恶化效果，误码率呈现上升趋势，效果甚至比 AL0 算法的 BER 值更差。因此，对于具有块稀疏特征的水声信道而言，BAL0 算法的块长度参数 $d$ 不宜取值过大。本书对海试数据进行验证，结果表明：块长度参数 $d$ 取值为 2~3，利用块稀疏近似零范数约束可更加精确地描述多途信道特征，以获得更明显的性能。

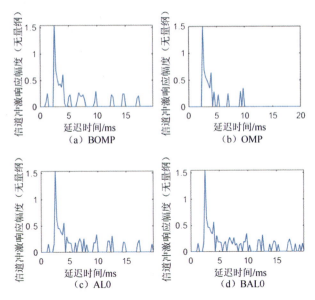

图 4-16 同一时刻第一信道中不同估计算法对应的信道冲激响应幅度

表 4-10 BAL0 算法在不同块长度下的 BER 平均值

| 块长度 | 1 | 2 | 4 | 5 | 8 |
| --- | --- | --- | --- | --- | --- |
| BER（%） | 0.7098 | 0.5836 | 0.6989 | 0.8581 | 0.9742 |

## 本 章 小 结

本章针对水声信道多径传播和稀疏结构特性,介绍了估计水声信道的 3 种传统算法。首先采用了向量估计算法,并将近似 $p$ 范数的可调节性及水声信道抽头的幅度、位置、个数等参数的变化特性相结合构造出了新的代价函数。在此基础上,利用信号处理中的迭代寻优算法,获得了 $p$-LMS 算法及其简化后的算法。

考虑到 $l_0$ 范数或 $l_1$ 范数无法很好地描述水声信道具有的块稀疏特征,研究了基于近似零范数约束的块稀疏的水声信道估计算法(BAL0),并对 BAL0 算法的特性在噪声环境下进行分析。分别设置高信噪比和低信噪比两种不同环境,对 4 种算法进行仿真验证及对比,并提供海试数据,对比 3 种传统算法进行比较,结合 CE-DFE 的输出结果,分别用 BER、OSNR、RPE 作为评价指标,表明 BAL0 算法的性能更加优越。

# 第 5 章  压缩感知的稀疏化预处理

在现代社会中信息的获取、处理和传输技术发挥着越来越重要的作用，在很多领域得到了广泛的应用。例如，国防、经济、卫生、广播电视等领域需要对信号进行采集、处理、传输和绘制等。此外，对地观测、金融分析、图像诊断，影视媒体等内容都是其具体应用范围。然而，在实际情境中信号的计算情况通常是复杂多变的，这些信号常用来表示和描述真实的物理参数。例如，垂直坐标、水平坐标和波长三维信号组成的高光谱图像；三维信号的空间位置显示的核磁共振三维造影成像；垂直坐标、水平坐标、时间、视觉角度的四维信号产生的立体视频信号。信号空间的增加和变化使得信号变化有了更多的自由度，因此，多维信号比一维信号具有丰富多彩的特性，也更为复杂。如何有效地描述或利用这些丰富而复杂的信号特征面临巨大挑战，在信号处理和传输中降低成本，保证信号处理精度，也成为研究稀疏信号的中心课题。互联网技术的飞速发展，社交网络（Social Network）和云存储、云计算的兴起，使得数据和信号成倍增长，信息技术进入了大数据（Big Data）时代。对这些信号的高效处理成为比过去任何时候更重要、更迫切的要求。

可分离扩展（Separable Extension）、离散余弦变换（Discrete Cosine Transform，DCT）、离散小波变换（Discrete Wavelet Transform，DWT）、离散傅里叶变换（Discrete Fourier Transform，DFT）等都是关于一维信号处理的主要方法。尽管这些数学变换计算的复杂度比非可分离的变换计算复杂度低，但是为了进一步适应大数据的在线实时处理，近年来相关技术人员致力于设计更紧凑、快速的变换。

低复杂度和易于实现是可分离变换的主要优点。然而，一些信号的基函数是相应一维变换基函数在多个维数的张量积，很难对可分离变换进行有效表示。例如，图像和视频的边缘与轮廓不能简单地分解成两个一维信号的乘积。因此，探索信号特征的高效表达，一直是这一领域的研究热点。20 世纪 90 年代，信号稀疏表示研究给信号的高效表达提供了新的框架[126]，大致可分为两类：

（1）通过观察信号抽象出共性特征，设计相应的数学变换。例如，强调图像方向特征的曲波（Curvelet）[127]变换轮廓波（Contourlet）[128]变换方向性（Directionlet）[129]变换等。

(2）构建合适的目标函数，获得信号高效表达的字典，如稀疏编码（Sparse Coding）[130]，K-SVD（一种用于稀疏表示的字典设计算法）、在线字典训练算法[132]等。这两类方法通常能够突破正交性的约束，囊括更多的基函数/原子，在描述信号特征方面体现更大的灵活性。由于基函数/原子数目大于信号样本数，因此用于稀疏表示的过完备变换/字典，又称为冗余变换/字典。

矩阵低秩和稀疏表示交相映照，是近年信号处理学界影响最大的两个领域。信号在一个完备字典中有稀疏表示，本质上是因为它在信号的外围空间中具有低维结构。矩阵低秩分析是信号低维结构的另一种数学框架。在稀疏表示中，高维信号被向量化为一维向量进行处理，其处理的基本对象是向量；低秩分析的基本对象是矩阵，这也是与稀疏表示的主要不同。

下面介绍离散余弦变换、离散小波变换、6种多尺度几何分析和稀疏表示。

## 5.1 离散余弦变换

离散余弦变换（DCT）是信号处理过程的核心运算，是 JPEG、MPEG-2、MPEG-4 等国际编码标准的标准组件，因此成为信号编码的研究热点。行列分解法和直接分解法都是通过 2-DCT 的快速分解得到的。

行列分解法是先将 $N \times N$ 的数据按行（列）进行 $N$ 个 1-DCT 计算得出中间矩阵，然后对中间矩阵再按列（行）进行 $N$ 个 1-DCT 计算，最后得到 2-DCT 结果。直接分解法直接在二维数据上设计变换结构，所需计算量通常少于行列分解法[133~140]。例如，Haque 将二维数据分解成更小的子块进行快速分解[134]；Ma 采用基 2×2 结构构造了一种与 2-DFFT 类似的递归快速算法[135]，节省约 25%的乘法操作，运算速率有一定提升。将 2-DCT 转换为 1-DCT 或一维奇数 DFT 也是比较常见的方法，根据转换方法的不同，可分为多项式变换和切比雪夫多项式变换；Vetterli 等人[133]建立了 2-DCT 到实数 2-DFT 的映射关系，通过多项式变换将 2-DFT 转化为更小规模的 2-DFT 和一维奇数 DFT，从而将乘法次数降至传统行列分解法的 50%；Duhamel 和 Guillemot[136]提出了二维 DCT 的间接多项式变换方法，先将 2-DCT 输入行序，使之等价于二维奇数 DFT，转换为 $2(n-1)$ 个一维奇数 DFT 而求得，所需乘法运算量减至传统行列分解法的 50%；Morikawa 等人[141]采用切比雪夫多项式同余形式，把二维 DCT 转换为 $N$ 个 $N$ 点一维 DCT 和一个长度为 $N$ 的切比雪夫多项式变换，所需计算量与传统行列分解法相比约减少了 50%；Lee[137]采用三角函数法，将长度为 $2N$ 的二维 DCT 表示为两个新的二维变换之和，再利

## 第5章 压缩感知的稀疏化预处理

用换序移位和附加的实数加法运算,将两个新的二维 DCT 变换为 $N$ 个 $N$ 点一维 DCT,该算法的思路和切比雪夫多项式变换一致,它的乘法复杂性和切比雪夫多项式变换大体相当。

国内外学者对 $m$-DCT 也提出了许多快速算法,典型思路包括以下几个:把尺寸较大的 $m$-DCT 分解为若干尺寸较小的 $m$-DCT 计算[142];把 $m$-DCT 分解为多个独立的且长度为 $N$ 的 1-DCT,可大大减少计算量,但是不能满足每维长度不同的应用[143]。Chen 等人[144]通过运用变换矩阵的张量积进行 $m$-DCT、1-DCT、加法、移位等基本操作。Dai 等人[145]把 $m$ 维 DCT 分解为 $2N$ 个子块进行单独的快速运算,其中只涉及两步运算:$r$ 维 DCT 逆变换,以及一些乘法和加法运算,从而可利用快速傅里叶变换(FFT)进行计算。Zeng 等人[146]提出了一种新的多项式变换,将 $m$-DCT 直接分解为系列的 1-DCT 操作,所需乘法次数减少,同时具有更好的计算结构。在基于多项式变换的快速 $m$-DCT 框架下,运用 Ramanujan(拉马努金)有序数来计算余弦角,可将乘法运算替换为换序移位和加法运算[147]。

由于大多数自然信号(包括声音和图像)的能量都集中在离散余弦变换后的低频部分,因此表现出很强的"能量集中"特性。离散余弦变换常用于对信号和图像的有损数据压缩。图像进行离散余弦变换后,因在频域矩阵的左上角低频的幅度大而右下角的高频幅度小,经过量化处理后出现大量的零值系数,故在视频编码图像压缩方面得到应用和推广。

DCT 编码是将空间域上的图像经过正交变换映射到系数空间,降低变换后的系数直接相关性,该方法是正交变换编码的一种。图像变换本身不进行数据压缩,但是能够使变换后的图像大部分能量在少数变换系数上得到集中,然后通过适当的量化和熵编码实现图像有效压缩。

信息论的研究结果显示,正交变换不但没有改变信源的熵值,而且变换前后图像的信息量并无损失,因此完全可以通过反变换得到原来的图像值。图像经过正交变换后,把分散在原空间的图像数据在新的坐标空间中得到集中,对于大多数图像而言,大多数的变换系数都很小,只须删除接近 0 的系数,并对较小的系数进行粗量化,保留包含图像主要信息的系数,以此进行压缩编码。在对重建图像进行解码(逆变换)时,所损失的是些不重要的信息,图像失真量微乎其微。图像的变换编码就是利用这些性质来压缩图像从而得到非常高的压缩比。

下面提供 DCT 的 MATLAB 源代码,具体如下:

```
function y=DCT_wfy(x)
if size(x,1)<size(x,2)
    x=x';
```

稀疏水声信号处理与压缩感知应用

```
        end
    if size(x,2)==1
        N=size(x,1);
        F=zeros(N,1);
        for k=0:N-1
            if k==0
                c(k+1)=sqrt(1/N);
            else
                c(k+1)=sqrt(2/N);
            end
            for n=0:N-1
                F(n+1)=x(n+1)*cos((n+0,5)*pi*k/N);
            end
            y(k+1)=c(k+1)*sum(F);
        end
    end
```

## 5.2　离散小波变换

离散傅里叶变换（DFT）基函数由一系列在信号区间作等幅振荡的周期三角函数构成，离散余弦变换（DCT）是在前者的基础上发展起来的，用于平稳信号的表示与分析，但对非平稳信号的表示与分析存在一些缺陷。此外，基于 DCT 的低码率图像/视频编码在边缘与轮廓等瞬变信号周围常产生振铃效应；与 DFT 情况类似，DCT 可分析信号所含的频率分量，但是不能用来判定某一频率分量开始和结束的时间，即它没有可控的时频分辨率。随着时频分析理论的兴起和发展，20 世纪 90 年代小波分析理论构建已经完成，并且成功应用在信号处理、数字通信、机器视觉、金融分析等领域。离散小波变换（DWT）可高效实现对多维信号进行实时处理。

小波分析在众多学科领域取得巨大成功的一个关键因素是，它比傅里叶分析更能"稀疏"地表示一维分段光滑或者有界变差函数。例如，自然物体光滑边界使自然图像的不连续性体现为光滑曲线上的奇异性，而并不仅仅是点奇异性。继小波分析之后发展起来的多尺度几何分析（Multiscale Geometric Analysis, MGA）方法发展的目的和动力，就是要研究一种新的高维函数的最优表示方法。

DWT 方法针对一组满足小波关系的低通滤波器和高通滤波器，对信号进行

# 第5章 压缩感知的稀疏化预处理

迭代分解。目前,快速计算的两类方法为卷积运算和提升算法。与卷积运算相比,提升算法在低通滤波与高通滤波之间共用一部分提升算法,因此只有约50%的计算量。设计低硬件成本与高吞吐率的 $m$-DWT 的大规模集成电路(VLSI)架构时,面临各种挑战,研究者利用 1-DWT 的 VLSI 架构,提出一些解决方法。例如,Lewis 和 Knowles[148]针对四抽头 Daubechies(多贝西)滤波器,设计了一种无乘法器的二维小波变换架构;Parhi 和 Nishitani[149]结合数字并行和数字串行方法,提出了两种 2-DWT 架构;Vishwanath 等人[150]针对 2-DWT,提出了一种结合脉动滤波器和并行滤波器的脉动-并行架构;Chakrabarti 和 Vishwanath[151]提出了两种高效的不可分架构,即并行滤波器和 SIMD(Single Instructionstream Multiple Datastream)二维阵列,从而对空间和时间进行优化;Chuang 和 Chen[152]提出了一种针对 2-DWT 的并行流水线式 VLSI 阵列架构;Chen 和 Bayoumi[153]提出了一种可伸缩的脉动阵列架构;Chakrabarti 和 Mumford[154]提出了一种 2-DWT 折叠架构和调度算法,该架构利用多相分解和系数折叠技术实现可分离 2-DWT 计算[155]。另一种架构基于修正递归塔形算法计算不可分离 2-DWT。在众多 VLSI 架构中,上述两种架构无论是在硬件成本方面还是在计算速度方面都极为出色。

在 MATLAB 提供的小波工具箱中可查看常用小波的类型,例如,输入命令 Waveletfamilies,可得到:

```
===================================
Haar                    haar
Daubechies              db
Symlets                 sym
Coiflets                coif
BiorSplines             bior
ReverseBior             rbio
Meyer                   meyr
DMeyer                  dmey
Gaussian                gaus
Mexican_hat             mexh
Morlet                  morl
Complex Gaussian        cgau
Shannon                 shan
Frequency B-Spline      fbsp
Complex Morlet          cmor
===================================
```

若输入 waveletfamilies（'n'），则可查看各个小波家族的具体名字；若输入 waveletfamilies（'a'），则可查找每种小波对应的特征。

小波变换有很多种类型，这里我们仅根据 Haar 小波的定义，得到其离散变换矩阵生成的 MATLAB 源代码：

```
function HaarTM=CTM(WidthOfSquareMatrix)
n=WidthOfSquareMatrix;
Level=log2(n);
if 2^Level<n, error('Input parameter is the power of 2');end
H=[1];
NC=1/sqrt(2);
LP=[1 1];
HP=[1 -1];
for i=1:Level
    H=NC*[kron(H,LP); kron(eye(size(H)),HP)];
end
HaarTM =H;
```

由 Haar 小波得到的 64×64 矩阵三维图如图 5-1 所示，可以看出 Haar 小波具有明显的正交性和双正交性。但是，Haar 小波在时域上是不连续的，因此它作为基本小波性能不是很好。

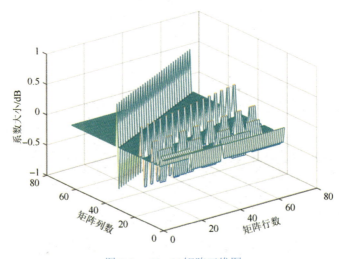

图 5-1　64×64 矩阵三维图

# 第5章 压缩感知的稀疏化预处理

小波变换不同于傅里叶变换，小波变换可由不同的小波母函数得到不同的变换结果。实际应用中，选择合适的小波需要考虑以下几个标准：支撑长度、消失矩、对称性、正则性、相似性。

支撑长度表示滤波器的长度，滤波器的长度越短，小波变换的计算量就越少。

消失矩就是小波变换后能量的集中程度，消失矩越高，高频子带的小波系数越小，接近0的小波系数越多。常用的小波函数Db$N$中的$N$就表示消失矩，支撑长度为$2N-1$。越大的消失矩越大，高频系数就越小，小波分解后的图像能量也越集中，压缩比就越高。小波的消失矩与支撑长度是一对矛盾，需要综合考虑。

对称性好，可有效地避免相位畸变，因为对称性好的滤波器的线性相位比较明显。

正则性反映了小波的光滑性或者连续的可微性。强加"正则性"（Regularity）条件在量化或者舍入小波系数时，可减小重构误差的影响。在一般情况下，正则性越好，支撑长度越长，计算时间也多。因此，正则性和支撑长度应权衡匹配。

各种小波中出现的Mallat算法相当于傅里叶变换中的FFT算法，具有划时代的意义。Mallat算法框图如图5-2所示，一个长度为$N$的信号$x$被多层分解：第一层分解为高频分量$D_1$和低频分量$A_1$，长度均为$\frac{N}{2}$；第二层分解把$A_1$分解为高频分量$D_2$和低频分量$A_2$，长度均为$\frac{N}{4}$；第三层分解把$A_2$分解为高频分量$D_3$和低频分量$A_3$，长度均为$\frac{N}{8}$；其他各层依此类推。在Mallat算法中，多层分解相当于滤波过程，而滤波过程实际上是卷积运算，但是卷积运算后信号的长度发生了变化，因此处理边界点的问题涉及信号的扩展。为了保证小波分解后总体长度不变，采用周期扩展模式，这也是Mallat算法默认的信号扩展模式。

在MATLAB中，DWT只能实现单层分解，具有更强大功能的函数是wavedec函数，可设置分解层数。小波分解作为一个滤波过程，滤波器的系数可通过函数wfilters得到，滤波可通过卷积运算实现，卷积运算可表示为矩阵运算。因此，小波分解可表示为输出向量等于小波变换矩阵乘以输入向量。业界期望通过一个小波变换矩阵，使其实现等价于MATLAB自带的函数DWT和wavedec的功能。

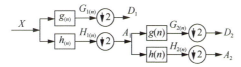

图5-2 Mallat算法框图

在 Mallat 算法框图中,

$$G_1(n) = x(n) * g(n) = \sum_{k=-\infty}^{\infty} g(n-k)x(k) \tag{5-1}$$

$$H_1(n) = x(n) * h(n) = \sum_{k=-\infty}^{\infty} h(n-k)x(k) \tag{5-2}$$

设 $x(n)$ 的长度为 $N$,$h(n)$ 的长度为 $M$,则 $H_1(n)$ 的长度为 $N+M-1$。卷积运算之后要下抽样,即矩阵的 $N+M-1$ 行变为 $\frac{N}{2}$ 行。操作步骤如下:将矩阵的前 $\frac{M}{2}-1$ 行和后 $\frac{M}{2}-1$ 行略去,然后从 $N+1$ 行中选取偶数行,即可得到 $\frac{N}{2}$ 行。值得注意的是,$M$ 在小波变换中表示的滤波器长度值通常是偶数。

Mallat 算法采用的周期扩展模式有如下规律:
(1) 对于长度为偶数的序列,直接按照周期进行扩展。
(2) 对于长度为奇数的序列,先把序列延长一个点,再把它变为偶数后按照周期进行扩展。

从 $h(n)$ 构成的矩阵中抽取 $\frac{N}{2}$ 行,同理,从 $g(n)$ 构成的矩阵中也抽取 $\frac{N}{2}$ 行,按上下顺序放在一起可组成一个 $N \times N$ 维矩阵,即小波变换矩阵。另外,为了实现多层分解,只要用一个矩阵连乘就可实现,第一层分解的矩阵表达式为

$$\begin{bmatrix} [A_1]_{\frac{N}{2} \times 1} \\ [D_1]_{\frac{N}{2} \times 1} \end{bmatrix} = [W_1]_{N \times 1} \cdot [x]_{N \times 1} \tag{5-3}$$

第二层分解是由 $[A_1]_{\frac{N}{2} \times 1}$ 得到 $[A_2]_{\frac{N}{4} \times 1}$ 和 $[D_2]_{\frac{N}{4} \times 1}$ 的过程,具体表示为

$$\begin{bmatrix} [A_2]_{\frac{N}{4} \times 1} \\ [D_2]_{\frac{N}{4} \times 1} \end{bmatrix} = [W_2]_{\frac{N}{2} \times \frac{N}{2}} \cdot [A_1]_{\frac{N}{2} \times 1} \tag{5-4}$$

若把第一层和第二层列在一起,则表达式为

$$\begin{bmatrix} [A_2]_{\frac{N}{4} \times 1} \\ [D_2]_{\frac{N}{4} \times 1} \\ [D_1]_{\frac{N}{2} \times 1} \end{bmatrix} = \begin{bmatrix} [W_2]_{\frac{N}{2} \times \frac{N}{2}} \cdot [A_1]_{\frac{N}{2} \times 1} \\ [D_1]_{\frac{N}{2} \times 1} \end{bmatrix} \tag{5-5}$$

由 Db1 小波得到的 $64 \times 64$ 维矩阵如图 5-3 所示,可看出 Db1 小波有明显的正

交性，双正交性。Db 系列小波具有较好的正则性，即该小波作为稀疏基所引入的光滑误差不容易被察觉，使得信号重构过程比较光滑。

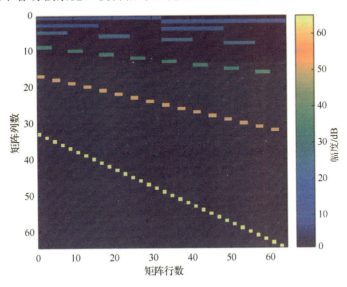

图 5-3 由 Db1 小波得到的 64×64 维矩阵

小波分析中可采用的小波基函数多种多样。因此，小波基函数的构造与选择既是信号分析处理的前提，也是小波分析理论研究的重要内容。小波基函数的构造需要与实际的具体应用相联系，如果要对小波基函数体系展开研究，需要很深的理论基础和丰富的数据分析经验。不过，有一些小波基函数比较常用，同时被实践证明非常有用。下面介绍 MATLAB 中常见的 6 种小波基函数。

1. Haar 小波

Haar 小波基函数和尺度函数图形如图 5-4 所示，Haar 小波作为一个最简单的小波基函数[156]，是小波分析中最早用到的且具有紧支撑性的正交小波基函数，Haar 小波基函数的支撑域在 $t \in [0,1]$ 范围内是一个矩形齿波。其表达式为

$$\psi(t) = \begin{cases} 1, & 0 \leqslant t < 0.5 \\ -1, & 0.5 \leqslant t < 1 \\ 0, & t \notin [0,1) \end{cases} \tag{5-6}$$

Haar 小波基函数不光滑，时域上不连续。但是运算较为简单，且 $\psi(t)$ 与 $\psi(2^j t)$

[$j \in Z$] 正交,即 $\int \psi(t)\psi(2^j t)\mathrm{d}t = 0$,同时与自己的整数位移正交。因此,在 $a = 2^j$ 的多分辨率系统中可构成一组最简单的正交归一小波族。

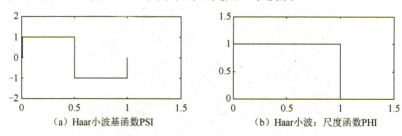

图 5-4  Haar 小波基函数和尺度函数

### 2. Daubechies 小波

Daubechies 小波基函数和尺度函数的图形如图 5-5 所示,Daubechies 小波基函数是由世界著名的小波分析领域的女学者 Ingrid Daubechies 构造的[157],该函数没有明确的表达式(Haar 小波),而转换函数 $h$ 的平方模很明确。其尺度函数 $\varphi_N(t)$ 和相应的小波基函数 $\psi_N(t)$ 由式(5-7)和式(5-8)二尺度方程(Two-scale Equation)给出:

$$\varphi_N(t) = \sum_{k=0}^{2N-1} p_N(k)\varphi_N(2t-k) \quad (5\text{-}7)$$

$$\psi_N(t) = \sum_{k=2-2N}^{1} q_N(k)\varphi_N(2t-k) \quad (5\text{-}8)$$

式中,$q_N(k) = (-1)^{1-k} p_N(1-k)$,$p_N(k)$ 称为小波滤波器系数,对于给定的某一正整数 $N$,Daubechies 小波仅有 $2N$ 个 $p_N(k)$ 不等于零。通常将具有 $2N$ 个非零滤波器系数的 Daubechies 小波简称 Db $N$ 小波,其尺度函数阶次为 $N$ 阶。假设 $P(y) = \sum_{k=0}^{N-1} C_k^{N-1+k} y^k$,其中,$C_k^{N-1+k}$ 为二项式系数,则有

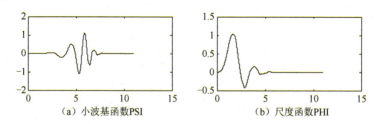

图 5-5  Daubechies 小波基函数和尺度函数

## 第5章 压缩感知的稀疏化预处理

$$\left|m_0(\omega)\right|^2 = \left(\cos^2(\frac{\omega}{2})\right)^N P\left(\sin^2(\frac{\omega}{2})\right) \tag{5-9}$$

式中，$m_0(\omega) = \frac{1}{\sqrt{2}} \sum_{k=0}^{2N-1} h_k \mathrm{e}^{-\mathrm{i}k\omega}$。

Daubechies 小波系列通常表示为 Db $N$，Daubechies 小波系列特点如下：

（1）时域上有限支撑，即 $\psi(t)$ 的长度有限，而且其高阶原点矩 $\int t^p \psi(t) \mathrm{d}t = 0$，$p = 0 \sim N$，$N$ 值越大，$\psi(t)$ 的长度越长。

（2）频域上，$\psi(t)$ 在 $\omega = 0$ 处有 $N$ 阶零点。

（3）$\psi(t)$ 与自身的整数位移正交，即 $\int \psi(t)\psi(t-k)\mathrm{d}t = 0, k \in Z$。

因为 Daubechies 小波具有紧支撑性和正交性，所以它自问世以来，就引起了众多学者的关注，对其理论研究和应用研究异常活跃，研究成果层出不穷。

### 3. Mexican Hat 小波

Mexican Hat 小波基函数的图形如图 5-6 所示，由于该类小波基函数的曲线形状像墨西哥帽的截面，因此得名。Mexican Hat 小波基函数的表达式：

$$\psi(t) = (1-t^2)\mathrm{e}^{-\frac{t^2}{2}} \tag{5-10}$$

$$\psi(\omega) = \sqrt{2\pi}\omega^2 \mathrm{e}^{-\frac{\omega^2}{2}} \tag{5-11}$$

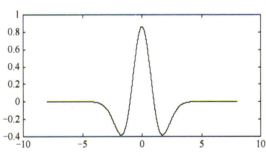

图 5-6 Mexican Hat 小波基函数

Mexican Hat 小波基函数在时域或频域都有很好的局部化特性，并且满足式（5-12）。

$$\int_{-\infty}^{\infty} \psi(x) \mathrm{d}x = 0 \tag{5-12}$$

作为高斯函数的二阶导数，Mexican Hat 小波基函数对应的尺度函数不存在，故不具有正交性。在 MATLAB 中，可输入 waveinfo（'mexh'）获得该函数的主要性质。

4. Morlet 小波

Morlet 小波基函数的图形如图 5-7 所示，它是一个单频复正弦函数，即

$$\psi(t) = Ce^{-\frac{t^2}{2}}\cos(5x) \tag{5-13}$$

式中，$C$ 为重构时的归一化常数。

由于 Morlet 小波基函数对应的尺度函数不存在，故不具有正交性。在 MATLAB 中，可输入 waveinfo（'morl'）获得该函数的主要性质。

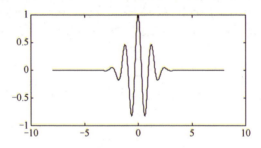

图 5-7 Morlet 小波基函数

5. Meyer 小波

连续 Meyer 小波基函数和尺度函数的图形如图 5-8 所示，Meyer 小波是具有紧支撑性的正交小波，$\psi$ 和 $\varphi$ 的定义都是在频域中进行的。

$$\psi(\omega) = \begin{cases} (2\pi^{-1/2})e^{j\omega/2}\sin\left[\dfrac{\pi}{2}v\left(\dfrac{3}{2\pi}|\omega|-1\right)\right], & 2\pi/3 \leqslant \omega \leqslant 4\pi/3 \\ (2\pi^{-1/2})e^{j\omega/2}\cos\left[\dfrac{\pi}{2}v\left(\dfrac{3}{2\pi}|\omega|-1\right)\right], & 4\pi/3 \leqslant \omega \leqslant 8\pi/3 \\ 0, & |\omega| \notin [2\pi/3, 8\pi/3] \end{cases} \tag{5-14}$$

式中，$v(a)$ 为构造 Meyer 小波基函数的辅助函数，其满足以下条件：

$$v(a) = a^4(35 - 84a + 70a^2 - 20a^3), \quad a \in [0,1] \tag{5-15}$$

在 MATLAB 中，可输入 waveinfo（'meyr'）获得该函数的主要性质。离散 Meyer 小波基函数和尺度函数的图形如图 5-9 所示，Dmey 函数是 Meyer 函数的

近似，它可进行快速小波变换。在 MATLAB 中，可输入 waveinfo（'dmey'）获得该函数的主要性质。

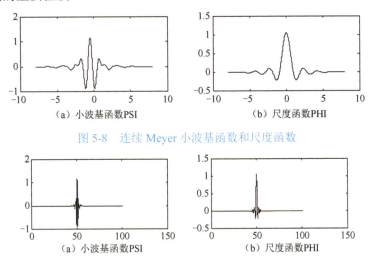

(a) 小波基函数PSI　　　　　　　　(b) 尺度函数PHI

图 5-8　连续 Meyer 小波基函数和尺度函数

(a) 小波基函数PSI　　　　　　　　(b) 尺度函数PHI

图 5-9　离散 Meyer 小波基函数和尺度函数

6. Symlet 小波

Symlet 小波基函数和尺度函数的图形如图 5-10 所示，该函数可认为 Db 系列函数的一种改进型小波。Symlet 小波基函数系列通常表示为 sym $N$（$N=2,3,\cdots,8$）。

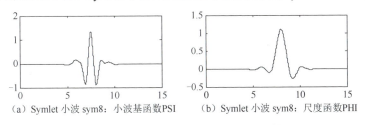

(a) Symlet 小波 sym8：小波基函数PSI　　　(b) Symlet 小波 sym8：尺度函数PHI

图 5-10　Symlet 小波基函数和尺度函数

要使得到源信号更精确的近似函数，就需要按一定要求选择合适的小波基函数，这涉及小波基函数的紧支撑性、对称性和光滑性等性质。

紧支撑性是小波基函数特有的性质之一，也称局部支撑性。支集越小，局部化能力越强，越有利于检测信号的突变点。不过，不存在同时在时域和频域中都有紧支撑性的小波基函数，所提到的紧支小波通常指时域的紧支撑性。

通过对称性和反对称性的小波母函数（也称基函数）和父函数（也称尺度函

数），可构造出具有线性相位的紧支小波基函数。

光滑性指函数的曲线或曲面是否光滑及其光滑程度。一般来说，连续函数是光滑的，但若求导之后变成不连续，则只能称为一阶光滑。按这种划分方法，可出现多阶光滑函数。

小波分析用于信号处理和傅里叶分析有某种相似之处。我们知道，一个信号可分解为傅里叶级数，即一组三角函数之和，而傅里叶变换对应傅里叶级数的系数。同样，一个信号可表示为一组小波基函数之和，小波变换系数就对应这组小波基函数的系数。

在 MATLAB 函数中，一维小波分解函数和系数提取函数的结果都是分解系数。其中，小波系数可理解为信号在做小波分解时所选择的小波基函数空间的投影。多尺度分解是按照多分辨分析理论进行的，分解尺度越大，分解系数的长度越小（是上一个尺度的二分之一）。我们会发现，分解得到的小波低频系数的变化规律和原始信号相似，但要注意低频系数的数值和长度与源信号及后面重构得到的各层信号是不一样的。

在 MATLAB 仿真实验中，输入"load leleccum"命令，可获得一个含噪的信号源。取前 4000 个采样点进行分析，使用 Haar 小波进行分解并提取系数，分解得到源信号及其对应的第一层小波系数如图 5-11 所示。可知其系数长度为源信号长度的一半，即系数长度由源信号的 4000 个采样点变为 2000 个采样点。根据这

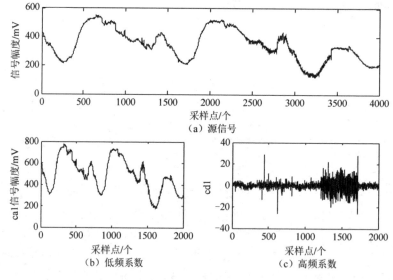

图 5-11 源信号及其对应的第一层小波系数

# 第5章 压缩感知的稀疏化预处理

些系数进行小波重构,并将源信号和重构信号相比,相比结果如图 5-12 所示。可知,小波重构前后得到的误差级数非常低,同时也可以看出,采用 Haar 小波对信号进行分解和重构的正则性不好。实际应用中,对信号进行分解和重构时,往往需要综合考虑小波基函数的各种特性,针对不同的信号采用不同的小波基函数,这是解决问题的关键。

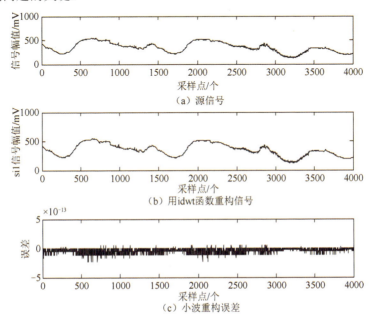

图 5-12 源信号和 Haar 小波重构信号及其误差

另外,在关于小波基函数的 MATLAB 命令集的众多书籍中,编者对函数 wrcoef() 重构的图形是系数图还是信号图这一问题的讲述比较模糊。但是,按 MATLAB 软件提供的"帮助"说明,用该函数重构得到的是系数。为考察此类说法正确与否,现选取一段 3000 个采样点的心电图(ECG)信号,如图 5-13 所示,信号幅值为 0~400mV[158]。现在对该信号进行 5 层小波分量分解,表达式为 $S = A_5 + D_5 + D_4 + D_3 + D_2 + D_1$,5 层小波分量分解树如图 5-14 所示,得到的分量结果图为 5-15 所示。可以看出,$A_5$ 和 $D_5$ 的信号能量明显高于其他分量的能量;并且 $A_4 = A_5 + D_5$,而 $A_5$ 和 $D_5$ 的信号分量代表了源信号 $S$ 的较为低频的信息。用该函数重构的系数(姑且按 MATLAB 帮助中的说法)在各层上都是和源信号等长度的,用源信号 $S$ 减去这些系数迭加得到的信号 $A_5 + D_5 + D_4 + D_3 + D_2 + D_1$,出现的误差极小。由此可验证函数 wrcoef() 重构的图形应是信号图,而且得到各层分量的长度和信号的长度是一致的,这与小波分量分解后提取的系数不同。小波分量分解得到的系数与源信号比较,在数据长度和数值大小方面都有很大的差别。

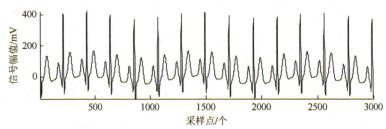

图 5-13　ECG 信号

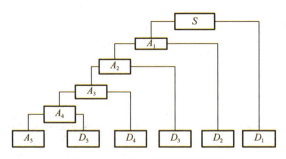

图 5-14　小波 5 层分量分解树

与标准傅里叶变换相比,小波分析方法所用到的小波基函数具有不唯一性。因此,小波基函数的构造与选择是进行信号分析处理的前提条件。小波基函数的构造与特定应用联系在一起,并且构造合适的小波基函数需要很深的理论基础和较多的研究经验。一般情况下,我们在应用中都采用比较经典的小波基函数。小波分析方法是一种窗口面积固定但其形状可改变,时间窗和频率窗都可改变的时频局域化分析方法。当尺度较小时,时间分辨率高,适合分析高频信号;反之,频率分辨率高,适合分析低频信号。恰当地选取尺度和小波基函数将直接影响处理效果。常用小波基函数的特性归类如表 5-1 所示,从中可以看出一些小波基函数的特性,方便工程技术人员根据信号的分解特性,综合考虑并选取合适的小波基函数。

# 第 5 章 压缩感知的稀疏化预处理

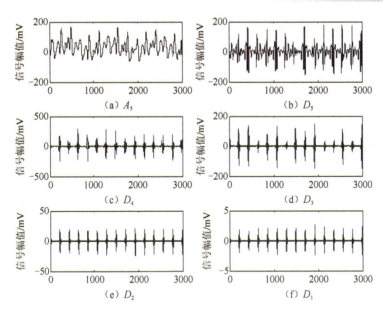

图 5-15 ECG 信号的 5 层小波分量分解

表 5-1 常用小波基函数的特性归类

| 小波基函数名称 | Haar | Daubechies | Mexican Hat | Morlet | Meyer | Symlet |
|---|---|---|---|---|---|---|
| 小波缩写名 | Haar | Db | Mexh | Morl | Meyr | Sym |
| 表示形式举例 | Haar | Db3 | Mexh | Morl | Meyr | Sym3 |
| 正交性 | 有 | 有 | 无 | 无 | 有 | 有 |
| 双正交性 | 有 | 有 | 无 | 无 | 有 | 有 |
| 紧支撑性 | 有 | 有 | 无 | 无 | 有 | 有 |
| 连续小波变换 | 可 | 可 | 可 | 可 | 可 | 可 |
| 离散小波变换 | 可 | 可 | 不可 | 不可 | 可，但无 FWT | 可 |
| 支撑长度 | 1 | $2N-1$ | 有限长度 | 有限长度 | 有限长度 | $2N-1$ |
| 滤波器长度 | 2 | $2N$ | [-5, 5] | [-4, 4] | [-8, 8] | $2N$ |
| 对称性 | 对称 | 近似对称 | 对称 | 对称 | 对称 | 近似对称 |
| 小波基函数消失矩 | 1 | $N$ | — | — | — | $N$ |
| 尺度函数消失矩 | — | — | — | — | — | — |

由于 Db 系列小波基函数能提供比其他函数更有效的分析和综合方法，因此 Db 系列小波基函数也为实际信号处理提供了消失矩和紧支撑性范围选择的方向。同时，小波尺度的变化控制着 Dauhcchis 小波的伸缩。从匹配滤波的角度来看，

Dauhcchis 小波又相当于一组可变的匹配滤波检测模板，能起到一定的目标增强效果。小波分析方法在诸多领域有着广泛的应用，其中，最典型的是在生物医学信号处理中的应用。本书参照之前所做的工作[158]，说明小波在膈肌的肌电（EMGdi）信号中去除心电图（ECG）信号的具体应用。

ECG 信号的主要能量频率范围为 0～60 Hz，QRS 波群包含的频率成分较高，甚至最高可达 50Hz 以上，但主要能量集中在 3～40Hz；T 波和 P 波包含的频率成分较低，一般在 11Hz 以下。因此，通过食道电极记录的膈肌的肌电信号经过预处理后，ECG 干扰信号应主要剩下 QRS 波群部分，分布范围集中，而且 QRS 波群的基本波形也发生了较大的改变。

为验证上述 ECG 信号的先验知识，对不同情况下采集的 30 组真实 ECG 信号进行幅频分析，数据来源于广州呼吸疾病研究所。这些信号经过了放大和工频陷波，取出其中一组 4000 个点的 ECG 信号数据。预处理后 ECG 信号波形图如图 5-16 所示，并对其进行频谱分析，预处理后的 ECG 信号频谱图如图 5-17 所示。可知，其能量主要集中在 0～50Hz 的频率范围内，预处理信号的工频陷波明显。

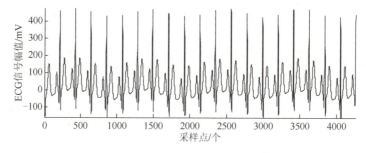

图 5-16  预处理后 ECG 信号波形图

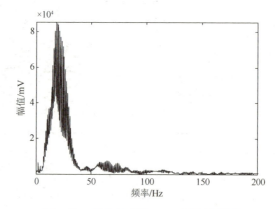

图 5-17  预处理后的 ECG 信号频谱图

# 第 5 章 压缩感知的稀疏化预处理

EMGdi 信号本质上是一种具有非平稳特性的生物医学信号，采集的 EMGdi 信号往往混杂着各种干扰信号和噪声，其中 ECG 干扰信号最为明显，纯净的 EMGdi 信号往往无法直接获得。

对 EMGdi 信号做初步探讨，用小波阈值降噪的方法[159]对一段 18000 个采样点的数据进行降噪处理和频谱分析，时间跨度为 9s，得到 EMGdi 信号降噪前后的时域图和频域图，如图 5-18 和图 5-19 所示。从 EMGdi 信号及 ECG 信号的分析结果可以看出，这两类信号存在着频率上的重叠，特别是在 25～50 Hz 的低频范围内。ECG 信号的峰值比 EMGdi 信号的幅值高出数倍，使得有用信号 EMGdi 存在于强噪声（ECG 干扰信号）背景下。另外，ECG 干扰信号在经过预处理后，T 波和 P 波已基本被除去，而主要能量只剩下 QRS 波群，分布范围集中。也就是说，EMGdi 信号中的 ECG 干扰信号具有幅值高、分布不连续的特点，并且两者有频谱重叠，与文献所述一致。

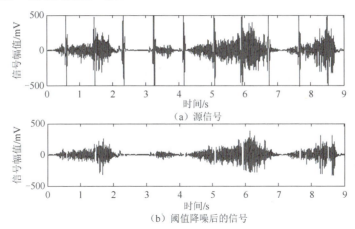

图 5-18 EMGdi 信号降噪前后的时域图

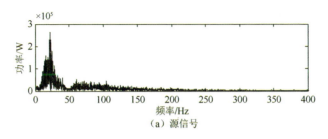

图 5-19 EMGdi 信号降噪前后的频域图

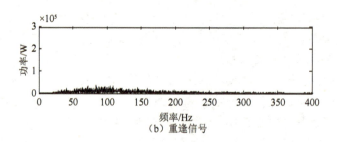

图 5-19　EMGdi 信号降噪前后的频域图（续）

## 5.3　6 种多尺度几何分析

### 5.3.1　脊波（Ridgelet）变换

1998 年，脊波理论由 Emmanuel J. Candès 在其博士论文中提出，这是一种非自适应的高维函数表示方法，具有方向选择和识别能力，可更有效地表示信号中具有方向性的奇异特征。脊波变换首先对图像进行 Radon 变换，即把图像中的一维奇异性如图像中的直线映射成 Radon 域的一个点，然后用一维小波进行奇异性的检测，从而有效地解决了小波变换在处理二维图像时的问题。然而，自然图像中的边缘线条以曲线居多，对整幅图像进行脊波分析并不十分有效。为了解决含曲线奇异性的多变量函数的稀疏逼近问题，1999 年，Emmanuel J. Candès 又提出了单尺度脊波（Monoscale Ridgelet）变换，并给出了构建方法。还有一种方法是对图像进行分块，使每个分块中的线条都近似直线，再对每个分块进行脊波变换，这就是多尺度脊波分析。脊波变换对于具有直线奇异性的多变量函数有良好的逼近性能，也就是说，对于纹理（线奇异性）丰富的图像，脊波变换可获得比小波更加稀疏的表示；但是对于含曲线奇异性的多变量函数，其逼近性能只相当于小波变换，不具有最优的非线性逼近误差衰减阶。

### 5.3.2　曲波（Curvelet）变换

由于多尺度脊波分析冗余度很大，1999 年 Candès 和 Donoho 在脊波变换的基础上提出了连续曲波变换，即第一代曲波变换中的 Curvelet 99；2002 年，Strack、Candès 和 Donoho 提出了第一代曲波变换中的 Curvelet 02。第一代曲波变换实质上由脊波理论衍生而来，是基于脊波变换理论、多尺度脊波变换理论和带通滤波器理论的一种变换。单尺度脊波变换的基本尺度是固定的，而曲波变换则不然，其在所有可能的尺度上进行分解。实际上，曲波变换是由一种特殊的滤波过程和多尺度脊波变换（Multiscale Ridgelet Transform）组合而成的：首先，对图像进行子带分解；然后对不同尺度的子带图像采用不同大小的分块；最后，对每个分块进行脊波分析。如同微积分的定义一样，在足够小的尺度下，曲线可被看作直线，曲线奇异性就可由直线奇异性来表示。因此，可将曲波变换称为"脊波变换的积分"。

第一代曲波变换的数字实现比较复杂，需要子带分解、平滑分块、正规化和脊波分析等一系列步骤，而且曲波金字塔的分解也带来巨大的数据冗余量。因此，Candès 等人于 2002 年又提出了实现更简单、更便于理解的快速曲波变换（Fast Curvelet Transform）算法，即第二代曲波变换。第二代曲波变换与第一代曲波变换在构造上已经完全不同。第一代曲波变换的构造思想是通过足够小的分块将曲线近似成每个分块中的直线，然后利用局部的脊波分析其特性，而第二代的曲线变换和脊波理论并没有关系，实现过程也无须用到脊波，二者之间的相同点仅在于紧支撑性、框架等抽象的数学意义。2005 年，Candès 和 Donoho 提出了两种基于第二代曲波变换理论的快速离散曲波变换实现方法，分别是非均匀空间抽样的二维傅里叶快速变换算法（Unequally-Spaced Fast Fourier Transform，USFFT）和 Wrap 变换算法（Wrapping-BasedTransform）。对于曲波变换，可在网上下载 MATLAB 程序包 Curvlab；Curvlab 程序包里有曲波的快速离散算法的 MATLAB 程序和 C++程序。

### 5.3.3 轮廓波（Contourlet）变换

2002 年，MN Do 和 Martin Vetterli 提出了一种"真正"的图像二维表示方法：轮廓波变换，也称为金字塔形方向滤波器组（Pyramidal Directional Filter Bank，PDFB）。轮廓波变换是利用拉普拉斯金字塔形分解（LP）和方向滤波器组（DFB）实现的另一种多分辨性的、局域的、方向性的图像表示方法。

轮廓波变换继承了曲波变换的各向异性尺度关系，因此，在一定意义上，可把它认为曲波变换的另一种快速有效的数字实现方式。轮廓波基的支撑区间是具有随尺度变化长宽比的"长条形"结构，具有方向性和各向异性，轮廓波系数中，表示图像边缘的系数能量更加集中，或者说轮廓波变换对于曲线有更"稀疏"的表达。轮廓波变换将多尺度分析和方向分析分拆进行，首先由 LP（Laplacian Pyramid）变换对图像进行多尺度分解以"捕获"点奇异，接着由方向滤波器组

（Directional Filter Bank，DFB）将分布在同方向上的奇异点合成为一个系数。轮廓波变换的最终结果是用类似于轮廓段（Contour Segment）的基结构来逼近原图像，这也是把它称为轮廓波变换的原因。而二维小波是由一维小波张量积构建得到，它的基缺乏方向性，不具有各向异性。只能限于用正方形支撑区间描述轮廓，不同大小的正方形对应小波的多分辨率结构。当分辨率变得足够精细，小波就变成用点来捕获轮廓。

### 5.3.4 条带波（Bandelet）变换

2000 年，ELe Pennec 和 Stephane Mallat 在文献 *Image Compression with Geometrical Wavelets* 中提出了条带波变换。条带波变换是一种基于边缘的图像表示方法，能自适应地跟踪图像的几何正则方向。Pennec 和 Mallat 认为，在图像处理任务中，若是能够预先知道图像的几何正则性并充分予以利用，无疑会提高图像变换方法的逼近性能。Pennec 和 Mallat 首先定义了一种能表征图像局部正则方向的几何矢量线；然后对图像的支撑区间 $S$ 进行二进制剖分 $S= \cup_i \Omega_i$，当剖分足够细时，每个剖分区间 $\Omega_i$ 最多只包含图像的一条轮廓线（边缘）。在所有不包含轮廓线的局部区间 $\Omega_i$，图像灰度值的变化是正则的。因此，在这些区域内不定义几何矢量线的方向。而对于包含轮廓线的局部区域，几何正则的方向就是轮廓的切线方向。根据局部几何正则方向，在全局最优的约束下，计算区间 $\Omega_i$ 上矢量场 $\tau(x_1, x_2)$ 的矢量线，再沿几何矢量线将定义在 $\Omega_i$ 区间小波进行条带波化（Bandeletization）生成条带波基，以便能够充分利用图像本身的局部几何正则性。条带波化的过程实际上是沿几何矢量线进行小波变换的过程，即所谓的弯曲小波变换（Warped Wavelet Transform）。于是，所有剖分区间 $\Omega_i$ 上的条带波的集合构成了一组 $L_2(S)$ 上的标准正交基。

条带波变换根据图像边缘效应能自适应地构造了一种局部弯曲小波变换，将局部区间的曲线奇异性改造成垂直或者水平方向上的直线奇异性，再用普通的二维张量小波基处理，而二维张量小波基恰好能有效地处理水平和垂直方向上的奇异性。于是，问题就归结为对图像本身的分析，即如何提取图像本身的先验信息、怎样剖分图像、在局部区间如何"跟踪"奇异方向等。然而，在自然图像中，灰度值的突变不总是对应着物体的边缘，一方面，衍射效应使得图像中物体的边缘可能并不明显地表现出灰度的突变；另一方面，图像的灰度值发生剧烈变化，并不是由物体的边缘而是由于纹理的变化而产生的。所有基于边缘效应的自适应方法需要解决的一个共同问题是，如何确定图像中灰度值剧烈变化的区间对应的是物体边缘还是纹理的变化。实际上，这是一个非常困难的问题。大部分基于边缘的自适应算法在实际应用中，当图像出现较复杂的几何特征时，如 Lena 图像（数字图像处理测试图片），在逼近误差的意义下，算法性能并不能超过可分离的正交小波分析方法。在图像的低比特率编码中，用来表示非零系数值所在位置的开销远远大于用来表示非零系数值的开销。条带波与普通小波变换相比有两个优势：

（1）充分利用几何正则性，在高频子带能量更集中；在相同的量化步骤下，非零系数相对减少。

（2）得益于四叉树结构和几何流信息，条带波系数可重新排列，编码时系数扫描方式更灵活，说明条带波变换在图像压缩中的潜在优势。

构造条带波变换的中心思想是定义图像中的几何特征为矢量场，而不是把它看成普通的边缘集合。矢量场表示了图像空间结构灰度值变化的局部正则方向。条带波基并不是预先确定的，而是以优化最终的应用结果来自适应地选择具体条带波基的组成。Pennec 和 Mallat 给出了条带波变换的最优基快速寻找算法，初步实验结果表明，与普通的小波变换相比，条带波在去除噪声和压缩方面体现出了一定的优势和潜力。

### 5.3.5 楔波（Wedgelet）变换

简单地说，楔波就是在一个图像子块（Dyadic Square）上画一条线段，把它分成两个楔块，每个楔块用唯一的灰度值表示。线段的位置、两个灰度值就近似表征了该子块的性质。

在多尺度几何分析工具中，楔波变换具有良好的"线"和"面"的特性。楔波是 David L. Donoho 教授在研究从存在噪声的数据中恢复原图像的问题时，提出的一种方向信息检测模型，楔波变换是一种简明的图像轮廓表示方法。使用多尺度楔波变换对图像进行分段线性表示，能够根据图像内容自动确定分块大小，较好地捕捉图像中的"线"和"面"的特征，克服了滑动窗口方法存在的不足。

多尺度楔波变换由两部分组成：多尺度楔波分解和多尺度楔波表示。多尺度楔波分解将图像划分成不同尺度的图像块，并将每个图像块投影成各个允许方位的楔波；多尺度楔波表示则根据分解结果，选择图像的最佳划分，并为每个图像块选择出最优的楔波表示，从而完成图像的区间分割。

### 5.3.6 小线（Beamlet）变换

小线变换是美国斯坦福大学的 David L. Donoho 教授在 1999 年首次提出的，已经得到了初步的应用。由小线变换引入的小线分析（Beamlets Analysis）也是一种多尺度分析，但又不同于小波分析方法中的多尺度概念，可把它理解为小波分析多尺度概念的延伸。小线分析以各种方向、尺度和位置的小线段为基本单元建立小线段库，图像与库中的小线段积分产生小线变换系数，以小线金字塔方式组织变换系数，再通过图的形式从金字塔中提取小线变换系数，从而实现多尺度分析，这是一种能较好进行二维或更高维奇异性分析的工具。

根据小线理论及其研究结果来看，它对于处理强噪背景的图像有无可比拟的优势。但是小线变换的前期准备工作，如小线字典、小线金字塔扫描等方面的工作量太过于庞大，不利于研究。如果能将这些简化，或者做成固定的模块引用，小线分析有可能很快地扩展其应用领域。总的来说，小线分析的研究还处于初步阶段，相关的研究成果也不多，应用研究领域有待于进一步拓展。

在小线分析中，线段类似于点在小波分析中的地位。小线变换能够提供基于二进制组织的线段的局部尺度、位置和方向表示，线的精确定位易实现，并且算法不复杂。因此，基于小线的线特征提取值得研究。

小线基是一个具有二进制特征的多尺度的有方向的线段集合，二进制特征体现在线段的起点和终点坐标是二进制的，尺度也是二进制的。

Donoho 提出了连续小线变换及其在多尺度分析中的应用。为减少计算量及更适应于计算机处理，Xiaoming Huo 提出了离散小线变换。

从小线基的框架得知，每条小线把每个二进制方块分为两个部分，每部分都称为楔波，这两部分为互补的楔波，从而每个小线对应两个互补的楔波，使小线基与楔波对应起来楔波变换具有多尺度的特性；还可看出楔波基是片状基，与小线的线状基不同。

## 5.4 稀疏表示

稀疏表示的意义在于降维，该降维并不局限于节省空间，更多的意义在于能求得比较好的解。人们需要信号的先验知识，而稀疏性便是众多先验知识中主要的一种。这种降维主要表现在以下方面：虽然源信号的维数很高，但是实际的有效信息集中在一个低维的空间里。这种性质使得不适定的问题（Ill-posed problem）变得适定，进而使求得"好的解"成为可能。

早期的稀疏表示求解方法是贪心算法中的一种。Mallat 与 Zhang 在 1993 年提出了匹配追踪（MP）信号分解方法，并以基于时频原子字典的自适应信号分解为例，展示了这一信号表示新框架[160,161]。匹配追踪将当前剩余误差信号投影到字典中，与其内积最大的原子对比，选中该原子及其系数，减去投影分量以更新剩

## 第5章 压缩感知的稀疏化预处理

余误差信号，依次迭代直至收敛完成，所以算法非常简捷。在这之后，匹配追踪出现很多扩展方法，其中有最为人熟知的是正交匹配追踪（OMP）[162]、阶梯正交匹配追踪（Stage Wise Orthogonal Matching Pursuit，SWOMP）[163]和基于树状结构的匹配追踪（Tree Based Matching Pursuit，TBMP）[164]等。匹配追踪及其各种改进型均属于贪心算法，即每步都确保所选原子对剩余误差信号表示的最优性，但却无法保证最终所选字典子集对源信号给予最稀疏的表示。需要注意的是，存在其他求取线性系统稀疏表示的贪心算法[165]。因为匹配追踪类算法计算复杂度低，所以至今仍不失为快速求解稀疏表示的有效方法。

正当匹配追踪类算法崭露头角之时，许多研究者立足于对稀疏度的数学表征，将稀疏系数的求解发展出许多高效的稀疏表示求解方法。1995 年，Chen 等人基于标架法（Method of Frame，MOF）、匹配追踪、最优正交基（Best Orthogonal Basis，BOB）等方法在寻求信号稀疏表示的不足时，提出基追踪方法（Basis Pursuit，BP）[166]。基追踪方法以求解冗余系统稀疏表示为目标，提出了最小化系数 $l_1$ 范数的稀疏表示求解模型。与基追踪算法同时期的各个领域也有一些研究工作采用 $l_1$ 范数最小化的信号处理研究，如用于时间序列处理的 $l_1$ 范数解卷积[167]、针对线性回归的最小绝对收缩与选择算子（Least Absolute Shrinkage and Selection Operator，LASSO）[168]、面向稀疏信号重建的聚焦欠定系统求解法（Focal Under-Determined System Solver，FOCUSS）[169]。Donoho 与 Huo 指出信号稀疏度可用 $l_0$ 范数（非零元素数目）来表示，而稀疏表示问题可表述为在重建约束下的 $l_0$ 范数最小化问题[170]。遗憾的是，一方面，该优化问题（在统计建模中也称"子集选择"）是 NP（多项式复杂程度的非确定性）问题，不存在多项式时间复杂度的求解方法[165]。另一方面，基追踪算法的主要研究者 Chen 在其博士论文中[171]给出了令人深思的实验结果：从冗余字典中选择少数几个原子合成信号，基追踪算法能完全恢复信号合成中所选择的原子及其系数。这引起 Donoho 与 Huo 对 $l_1$ 范数最小化与 $l_0$ 范数最小化等价性的思考[170]：

（1）数学上，$l_1$ 范数是 $l_0$ 范数的凸松弛。

（2）对于一些特定情况，$l_1$ 范数优化的解与 $l_0$ 范数优化的解相同。$l_1$ 范数最小化与 $l_0$ 范数最小化的等价性具有非常重要的理论价值，引起很多学者的兴趣，为稀疏表示的发展奠定了坚实的基础[172-174]。有了这些理论保障，许多研究人员就把精力集中在 $l_1$ 范数最小化的高效算法设计上。运用基追踪算法将 $l_1$ 范数最小化转化为线性规划这些早期的算法、以及采用单纯形法（Simplex Method）或者内点法（Interior Point Method）来求解。图像处理、压缩感知、生物信息学等领域的问题规模通常都非常大，而算法的计算量与储存复杂度都随问题规模增大而急剧增大，所以这些方法难以直接应用。研究人员将目光投向因收敛速度慢而被忽略的一阶方法（First-order Methods，即只需用梯度等一阶信息），提出了许多快速高效的稀疏表示求解算法[175]，如迭代阈值-收缩法（Iterative Shrinkage-Thresholding Methods）[176-178]、梯度投影法（Gradient Projection Methods）[179]、邻近梯度法（proximal point methods）[180,184]、增强拉格朗日乘子法（Augmented Lagrange Multiplier Methods）[182,183]。这些算法的核心步骤只需要向量代数操作和矩阵向量相乘计算，减少了内点法中需要大量的矩阵相乘与矩阵分解运算。到目前为止，稀疏表示算法仍然百花齐放。各种算法在收敛速度、空间与计算复杂度、求解精度、问题规模适应性等方面均有所区别，这就要求研究人员根据具体问题与运行环境择优选取算法。

早期稀疏表示研究的主要致力点在于寻求参数化冗余字典下的紧致表达。这类冗余字典包括Gabor字典、小波包（Wavelet Packets）、余弦包（Cosine Packets）等，通常具有优良的数学性质，如良好的时频局域化、时频均匀覆盖等[184]。Mallat与Zhang在匹配追踪的工作[161]中采用了以尺度、位置、频率为参数的Gabor字典。Neff和Zakhor采用二维Gabor字典，提出了一种基于匹配追踪的低比特率时频编码[185]，这是在图像、视频编码中采用冗余表示的经典工作。从光滑性、时频局域化等数学性质为出发点设计的冗余字典通用性比较好，但是在信号特征的自适应刻画方面表现有所不足。另一类冗余字典由样本信号训练得到，通常比参数化冗余字典获得更稀疏的表示。作为该领域最早的代表性工作，Olshausen与Field在Nature杂志上发表了关于自然图像稀疏编码的著名研究结果[186]。他们发现，通过施加稀疏先验，训练得到的基函数同时具备局部性（Localized）、方向性（Oriented）、带通性（Band Pass）3种性质。这与哺乳动物初级视觉皮层由简单细胞组成的、能感受视野的基本性质相似，该研究揭示了视神经响应与图像统计结构具有紧密联系，同时也指出稀疏编码在图像处理中的巨大潜力。Vinje和Gallant[187]则用生理学实验验证了哺乳动物视觉初级皮层对自然场景的稀疏表示。Olshausen与Sallee将稀疏编码基函数的训练方法拓展到多尺度的情况[188]。值得注意的是，独立成分分析（Independent Component Analysis，ICA）从自然图像学习得到的独立成分分量也具有类似的性质[189]。Kreutz Delgado等人[190]系统地研究了面向稀疏表示的字典学习算法，指出了稀疏编码与矢量量化的内在联系，并探索字典学习算法在信号分离与图像编码中的应用。Aharon等人提出了另一种字典学习算法，称为K-SVD[131]。该方法可看作K-means分类算法的推广，又由于其核心步骤采用SVD分解，因而得名。K-SVD是近年应用较为广泛的字典学习算法，被拓展至视频稀疏字典训练、三维字典训练等场合，在去除噪声、压缩、超分辨率等经典问题中获得成功应用。Mairal 等人[132]基于随机近似技术提出了在线字典学习算法,解决了实际应用中百万量级样本的字典学习问题。到目前为止,面向图像稀疏表示的字典学习算法已经表现出一定的成熟度。图像特征的高效表达除了稀疏度还有许多重要的性质。目前,大多数字典学习算法没有覆盖这一点,仅以稀疏表示为目标,如常见的平移不变性、尺度不变性、旋转不变性等。稀疏编码的早期贡献者 Olshausen 与合作者将实数域冗余字典学习算法推广到复数域学习算法中,初步研究了稀疏表示变换不变性的学习机制。稀疏表示字典学习算法还有非常广阔的空间需要我们进一步探索。

## 5.5 信号的低秩分析

矩阵重建被用来观测一定约束条件下的矩阵秩最小化问题。与稀疏表示中 $l_0$ 范数最小化问题相似,矩阵秩最小化是 NP 问题。Candès 和 Recht[191]采用核范数将矩阵秩进行凸松弛(Convex relaxation in Integer Programming),给出了基于半正定规划的凸优化算法,推导出在该求解框架下进行矩阵填充的元素采样界限,同时也展示了最小化秩与最小化核范数的等价性。在注意到半正定规划不能求解大规模问题的缺点之后,Cai 等人[192]提出了一种近似求解核范数最小化的一阶算法,称为奇异值阈值(Singular Value Thresholding,SVT)算法。随后,Toh 和 Yun 采用 Nesterov(牛顿动量)方法对 SVT 算法进行加速,提出加速邻近梯度法(Accelerated Proximal Gradient,APG)。

作为矩阵恢复的代表性模型,鲁棒主成分分析(Robust Principle Component Analysis,RPCA)[174]-[195]将观测矩阵分解为待恢复矩阵与误差矩阵之和,分别用核范数与 $l_1$ 范数进行约束,最终实现把输入的高维数据线性映射到其子空间。文献[194]将原问题转化为二阶近似问题,针对其拉格朗日函数提出了一种与矩阵填充 SVT 算法[192]类似的迭代阈值方法。Ganesh 等人[196]提出基于 RPCA 模型的 APG 算法。Toh 和 Yun[193]进一步提出了基于加速邻近梯度法的核范数最小化算法。Lin[197]提出了一种基于增广拉格朗日乘子法的矩阵恢复方法,比迭代阈值与 APG 算法都具有更优的收敛性能。矩阵恢复模型也可基于增广拉格朗日乘子(Augmented Lagrangian Multiplier,ALM)进行高效求解,其收敛性能常优于 APG 算法[198]。Tao 和 Yuan[199]进一步扩展了 RPCA 模型,引入误差分量对稠密的高斯白噪声进行建模,给出了基于 ALM 的求解算法。尽管该算法能得到很好的实验结果,但是收敛性证明还属于开放性问题。Peng 等人[200]提出了加权低秩矩阵恢复模型,将核范数与 $l_1$ 范数推广至更一般的加权核范数与加权 $l_1$ 范数,给出增强低秩与稀疏性的权重计算方法和基于 ALM 的加权低秩矩阵恢复算法。目前，除了以迭代阈值为核心操作的一阶算法，还有一些研究人员采用其他函数来逼近矩阵的秩。Fornasier 等人[201]采用迭代重加权最小二乘（Iteratively Reweighted Least Squares）来近似求解核范数最小化问题。Log-det 函数是另一种在优化中逼近矩阵秩的被采用方法[202,203]。

为展示 PCA 的有效性，考虑如图 5-20 所示的数据集。很明显，数据 $x$ 和 $y$ 之间存在某种线性关系，提供的 MATLAB 程序如下：

```
function PCA_T
clear all; close all; clc
var = 1; slope = 2;
x = linspace(0,10,100)';
y = slope*x + sqrt(var)*randn(length(x),1);
X = [x y];
Y = X - repmat(mean(X),size(X,1),1);
[coeff,score,latent] = princomp(X);
figure;
plot(Y(:,1),Y(:,2),'kx');hold on;
xlabel('x','FontName','Times New Roman', 'Fontsize', 13);
ylabel('y','FontName','Times New Roman', 'Fontsize', 13);
title('主分量分析','FontName','宋体', 'Fontsize', 13);
m = coeff(2,:)./coeff(1,:); %Slope of line
xhat = mean(x); %Mean of x
yl = m'*[xhat -xhat];
plot([xhat xhat; -xhat -xhat], yl','k-');
Yproj = coeff'*Y;
figure;
plot(Yproj(1,:),Yproj(2,:),'kx');axis([-15 15 -xhat xhat]);
xlabel('x_p','FontName','Times New Roman', 'Fontsize', 13);
ylabel('y_p','FontName','Times New Roman', 'Fontsize', 13);
title('主分量分析变换','FontName','宋体', 'Fontsize', 13);
```

该脚本程序采用了 MATLAB 自带的库函数 princomp() 很容易对数据进行分析，对特征向量的投影如图 5-21 所示。经过最大化投影点方差的处理，可以直观地看出所设置直线的斜率。因此，投影点的距离也得到了最大化。

# 第 5 章　压缩感知的稀疏化预处理

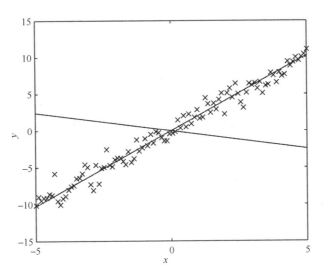

图 5-20　叠加到数据集上的主特征分量

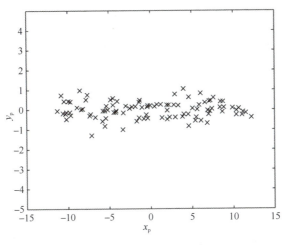

图 5-21　对特征向量的投影

随着相关模型与算法的日臻完善，矩阵重建在许多领域都获得了非常成功的应用。例如，Ji 等人[204]将联合稀疏与低秩模型用于视频恢复，Peng 等人[205]提出了一种基于矩阵稀疏与低秩分解的图像对齐方法，Zhang 等人[206]提出了一种用低秩进行纹理描述的框架，Li 等人[207]将矩阵填充引入三维运动估计领域中，Deng 等人[208]提出了基于矩阵恢复的三维重建方法。

## 本 章 小 结

本章针对压缩感知的稀疏化预处理，详细阐述了若干经典的稀疏化预处理方法，包括 DCT 和小波变换等。其中，多尺度几何分析又由小波分析方法衍生出若干算法。值得注意的是，稀疏表示，压缩感知与矩阵重建有着非常紧密的联系。基于稀疏化处理方法经小波验证后，又衍生出很多稀疏化处理方法的变换类型，如 DFT、DCT 和主特征分量分析方法。在实际应用中，更进一步的研究如下：根据数据的类型和特点，采用迭代法更新稀疏字典，从而达到字典学习的目的，以最优化稀疏字典。一般来说，学习字典比选择字典的自适应性更强。但需要大量样本进行训练。

# 第 6 章 压缩感知理论

## 6.1 压缩感知简介

压缩传感（Compressed Sensing, CS）理论在应用数学、计算机科学、电子工程等领域得到了广泛关注，颠覆了传统采样定律的新理论。该理论建立的事实基础是，在合理选取的基或字典中，仅采用一系列非零元素即可完成信号的表达。在稀疏表示的基础上，非线性优化算法可在极少的测量值基础上对信号进行恢复。压缩感知要解决的关键问题是，如何从一个小组测量值中精确恢复高维信号，并讨论这些恢复算法的鲁棒性。

因此，有必要先了解稀疏度和低维信号模型等概念。设 $x \in \mathbf{R}^{n \times 1}$ 表示具有 $n$ 个元素的实向量，其中第 $i$ 个元素记为 $x(i), 1 \leqslant i \leqslant n$。信号 $x$ 的支撑集合定义为非零元素的位置，记为 $\mathrm{supp}(x)=\{i\,;1 \leqslant i \leqslant n, x(i) \neq 0\}$。例如，信号 $x=[0,1,2,0,0,3,0,0]^\mathrm{T}$，非零元素为 1、2、3，对应位置为 2、3 和 6。因此，$\mathrm{supp}(x)=\{2,3,6\}$。如果一个信号 $x \in \mathbf{R}^{n \times 1}$ 的支撑集合满足 $|\mathrm{supp}(x)| \leqslant \kappa'$，那么该信号被称为 $\kappa$ 稀疏信号，$\kappa$ 称为信号的稀疏度。通俗地讲，$\kappa$ 稀疏信号是指信号中只有 $\kappa$ 个非零元素，而其他元素皆为零。稀疏度和低秩模型是高维空间一大类低维模型的两个特例。

在处理高维数据时，通常采用数据压缩方式，旨在找出信号的最简捷的表达方式，并且使信号扭曲程度在一定的可接受范围内。其中，一个较为广泛采用的方法是进行变换编码，该方式依赖于采用的基或特定框架，用于对感兴趣信号进行稀疏表示或可压缩的表示。这些稀疏信号或可压缩信号可以较高的置信度保留信号几个最大的系数，该过程称为稀疏估计。该方法是构成变换编码的基石，编码标准的典型代表有 JPEG、JPEG 2000、MPEG 和 MP3 标准。

利用变换编码的概念，压缩感知作为信号获取和传感器设计的新框架，采样和感知计算成本大幅度降低。经典的奈奎斯特采样定理要求采样频率需满足一个采样下限才能对信号进行高精度恢复。因此，在处理稀疏信号时，压缩感知理论提供了比经典方式更好的解决思路和方案。压缩感知理论的核心思想如下：不是一开始就对信号进行高速率采样,而是寻找合适的方式对数据进行直接感知,使之成为压缩化的形式。诸多研究表明,采用稀疏或可压缩表达的信号可由小部分线性、非自适应测量方式进行恢复[209,101],设计测量框架及其在实际数据模型中的扩展应用、数据获取系统等是压缩感知领域的主要工作。

在阐述压缩感知的理论之前,有必要回顾一下数学中向量空间的一些基本概念。向量可用两个实数表示,即可用 $\mathbf{R}^2$ 表示,$\mathbf{R}^2$ 称为平面,其中(0,0)最重要。$\mathbf{R}^3$ 表示含有三个元素的向量,进而扩展到 $\mathbf{R}^n$ 空间中,作为向量空间,其加法和乘法是"封闭"的,即经过加法和乘法运算之后的结果不会超出该空间的范围。由此可见,只有当图像中的线、面、体等经过坐标原点才可构成子空间。例如,二维子空间中,用各个象限划分的空间不构成子空间,因为运算不是封闭的。$\mathbf{R}^2$ 子空间有以下 3 种:

(1)所有平面的点,即 $\mathbf{R}^2$。
(2)过原点的所有的线。
(3)原点。

$\mathbf{R}^3$ 中的列向量和所有子空间的组合称为子空间的组合。举个例子,例如在 $C(A)$ 中 $C$ 是列的意思,而

$$A = \begin{bmatrix} 1,3 \\ 2,3 \\ 4,1 \end{bmatrix} \qquad (6\text{-}1)$$

如果 $A$ 中的两个列向量要构成 $\mathbf{R}^3$ 的子空间,那么它和坐标原点构成一个平面。$Ax = b$ 的解是向量空间吗?答案当然不是。向量 $v_1, v_2, \cdots, v_n$ 张成一个空间的意思是,该空间由所有这些向量组成。

对于空间中的"基"要满足以下两个性质:
(1)它们是独立的。
(2)它们张成该空间。

例如,$\mathbf{R}^3$ 空间的一个基是

$$\begin{bmatrix} 1 \\ 0 \\ 0 \end{bmatrix}, \begin{bmatrix} 0 \\ 1 \\ 0 \end{bmatrix}, \begin{bmatrix} 0 \\ 0 \\ 1 \end{bmatrix}$$

$Ax = b$ 中的 $A$ 是 $M \times N$ 维数,且秩为 $r$。4 个基本子空间有如下特点:

(1)列空间(Column Space)。$C(A) \in \mathbf{R}^m$,因为 $A$ 中的每列向量只有 $m$ 个元素。

（2）零空间（Null Space）。$N(A) \in \mathbf{R}^n$，$Ax = 0$ 时，由 $x$ 张成的空间每列向量有 $n$ 个元素。

（3）行空间（Row Space）。$R(A) = C(A^T)$。

（4）左零空间 $N(A^T)$。

对于式子 $Ax = 0$，首先把矩阵 $A$ 简化成行阶梯式（Reduced Row Echelon Form），在 MATLAB 中用 $R$=rref($A$) 可得到。

对于式子 $Ax = b$，只有当 $b$ 在 $A$ 的列空间里时才是有解的。因此，也可写作 $b \in C(A)$。这句话可这样理解：因为 $A$ 中的每列向量的元素个数都是 $m$，所以 $b$ 向量的元素个数也是 $m$。"有解"的意思就是用 $A$ 中的列向量经过一定的线性组合得到 $b$ 向量，也就是满足算法的封闭性，即 $b$ 在 $A$ 的列空间里。

线性代数中的投影：

假设相交的两个向量 $a$ 和 $b$，如图 6-1 所示，现在将 $b$ 投影到 $a$，所得向量为 $p$，$p$ 在 $a$ 线上，所以可用式子 $p = xa$ 表示，其中，$x$ 为比例因子。误差向量垂直于 $a$，可表示为 $e = b - p$，因为 $e \perp a$，所以有 $e \cdot a = 0$，或者写成 $a^T(b - xa) = 0$，即 $xa^Ta = a^Tb$，从而有

$$x = \frac{a^T b}{a^T a} \tag{6-2}$$

把 $c$ 投影到 $A$ 中的算子（简称投影算子）为

$$x = \frac{A^T c}{A^T A} \tag{6-3}$$

把 $c$ 投影到 $B$ 中的算子为

$$x = \frac{B^T c}{B^T B} \tag{6-4}$$

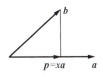

图 6-1　直线投影

在相关研究活动中，使用 Gram-Schmidt 正交化处理，其实用的就是投影原则。例如，将 $a$、$b$、$c$ 正交化：

(1) $A = a$;

(2) $B = b - x_{ba}A$

$= b - \dfrac{A^T b}{A^T A} A;$ (6-5)

(3) $C = c - x_{ca}A - x_{cb}B$

$= b - \dfrac{A^T c}{A^T A} A - \dfrac{B^T c}{B^T B} B;$

最终,把 $b$ 投影到 $a$ 中所得到的向量表示为

$$ax = a\dfrac{a^T b}{a^T a} = \dfrac{aa^T}{a^T a}b \tag{6-6}$$

其中,

$$\dfrac{aa^T}{a^T a} \tag{6-7}$$

式(6-7)称为投影算子,若把其写成矩阵的形式,则有

$$P = A(A^T A)^{-1} A^T \tag{6-8}$$

大写 $P$ 在这里表示矩阵的投影算子。

对于矩阵的投影,还可从另一个角度来看。

为了解决 $Ax = b$ 的问题,设矩阵 $A$ 为 $m \times n$ 维数。实际应用中往往无法得到精确的解,因为方程或许无解(当 $m>n$ 时),或许有无穷多解(当 $m<n$ 时)。

对于无解的情况,有时称为超定或者欠完备问题(over-determined or under-complete)。常用 $\hat{x}$ 来逼近 $x$,从而使得 $e = b - A\hat{x}$ 的绝对值最小,或者是 $e^2 = |b - A\hat{x}|^2$ 最小。误差向量 $e = b - A\hat{x}$ 绝对值最小,此时,误差向量垂直于矩阵 $A$,则有 $A^T(b - A\hat{x}) = 0$。对式子进行变形得到 $A^T A\hat{x} = A^T b$,最终得到左逆解:$\hat{x} = (A^T A)^{-1} A^T b$。所得的投影分量为

$$P = A\hat{x} = A(A^T A)^{-1} A^T b \tag{6-9}$$

以下阐述 $Ax = b$ 的求解问题。设矩阵 $A$ 为维数 $m \times n$ ($m<n$),并且为一致性方程,在无穷多个解中寻找出最小范数解。具体步骤如下:首先构造出拉格朗日目标函数 $L = \|x\|^2 + \lambda^T(Ax - b)$,然后可求得

$$\begin{cases} 2x + A^T\lambda = 0 \Rightarrow x = -\dfrac{1}{2}A^T\lambda \Rightarrow A(-\dfrac{1}{2}A^T\lambda) = b \Rightarrow \lambda = -2(AA^T)^{-1}b \\ Ax - b = 0 \end{cases}$$

再结合 $2x + A^T\lambda = 0$,得到 $2x - 2A^T(AA^T)^{-1}b = 0$,最后解得 $x = A^T(AA^T)^{-1}b$,即右逆解。

## 6.2 基本概念

### 6.2.1 基和框架 $\mathcal{H}$

这里主要在希尔伯特（Hilbert）空间（完备的内积空间）进行讨论，常见的空间 $L^2(\mathbb{R})$、$l^2(\mathbb{Z})$ 都是 Hilbert 空间。可粗略地认为框架是空间基概念的推广。在有限维空间，情况比较简单。

设 $\mathcal{H}$ 是 $N$ 维 Hilbert 空间，$X \subset \mathcal{H}$，若 $X$ 是 $\mathcal{H}$ 中的线性无关集且 $X$ 的有限线性扩张是全空间 $\mathcal{H}$，即 span$X = \mathcal{H}$，则称 $X$ 是空间 $\mathcal{H}$ 的一组基。特别地，记 $\boldsymbol{\Psi}$ 为 $n \times n$ 的字典，以 $\boldsymbol{\theta}$ 表示 $n \times 1$ 的系数向量，则信号 $\boldsymbol{x}$ 可表示为

$$\boldsymbol{x} = \boldsymbol{\Psi\theta} \tag{6-10}$$

正交基作为一类重要的基，其定义是任意两个基向量之间满足正交关系。一组正交基有明显的优势，计算系数 $\boldsymbol{\theta} = \boldsymbol{\Psi}^T \boldsymbol{x}$。这一点很容易证明，因为 $\boldsymbol{\Psi}$ 矩阵的正交化特性使得 $\boldsymbol{\Psi}^T \boldsymbol{\Psi} = \boldsymbol{I}$。其中，$\boldsymbol{I}$ 表示单位矩阵。

通常将基的概念进行概括，从线性相关向量构成的集合容易导出框架的概念。框架定义为一组向量 $\{\boldsymbol{\psi}_i\}_{i=1}^{N}$ 在 $\mathbf{R}^d (d < N)$ 中的集合，对应的 $\boldsymbol{\Psi} \in \mathbf{R}^{d \times N}$ 对任一向量 $\boldsymbol{x} \in \mathbf{R}^{d \times 1}$ 满足

$$A \|\boldsymbol{x}\|_2^2 \leqslant \|\boldsymbol{\Psi}^T \boldsymbol{x}\|_2^2 \leqslant B \|\boldsymbol{x}\|_2^2 \tag{6-11}$$

式中，$0 < A \leqslant B < \infty$。

注意：$A > 0$，意味着 $\boldsymbol{\Psi} \in \mathbf{R}^{d \times N}$ 的行线性独立。当 $A$ 的取值尽可能最大、$B$ 的取值尽可能最小时，不等式依然成立，则称之为框架边界。若 $A = B$，则称之为 $A$ 紧框架。在稀疏表示文献中，基和框架通常也分别用字典和过完备字典表示，而字典中的元素称为原子。由此可看出，标准正交基、正交基、基、框架这些概念在有限维空间是逐步被包含的集合关系。而无限维空间的情况较为复杂，这里不作介绍。

### 6.2.2 低维信号模型

信号处理的核心问题是信号的获取，以及从不同类型的数据中提取信息，从而设计不同算法实现这些目标。对特定问题进行算法设计，需对感兴趣的信号提供精确模型，这些模型包括一般模型、确定型模型和贝叶斯概率模型。一般而言，当引入先验知识后，有助于把感兴趣信号从非感兴趣信号中提取和区分出来，有

利于精确获取、处理、压缩和传输数据和信息。当信号可由少量的已知基或字典的线性组合进行精确表达时,就称该信号为稀疏信号。稀疏信号模型为描述众多高维信号特征提供了数学框架。稀疏度可理解为奥卡姆剃刀定律的化身,即"如无必要,勿增实体"。这一思想广泛存在于哲学、管理学、语言学等诸多领域。例如,逻辑经验主义指出思维是用最经济的方式来思考和表达客观世界的,因果性只是思维的一种节约方式,物理学的公式也是这种经济性的具体实现;在管理学领域,重要的事实是"百人法则",即很多国际集团公司的总部职员不超过100名,这是人少高效率的组织结构;在语言学领域,语言表达的是事实还是情感,或者毫无意义,而科学或哲学的命题一定要是关于事实的命题,才具有实证的意义。当面临诸多方式可用于表达一个信号时,最简捷的方式就是最好的。

### 6.2.3 可压缩信号

值得注意的是,在真实世界中,几乎不存在实际信号是真正意义上的稀疏信号,而可压缩信号主要是指通过一些稀疏信号可很好地近似得到的信号。因此,称之为可压缩。可压缩信号由稀疏信号进行近似而得到,这种做法与子空间由一些主分量进行近似类似。实际上,可通过计算可压缩信号和稀疏信号之间误差的二范数,进行量化判断这种近似的效果如何。阈值策略被更多地应用于选择前 $K$ 个稀疏信号最大的系数组成的向量对信号进行近似表达。还可以把该问题理解为对表达系数进行降序排序,并设置一个指数衰减函数作为门限函数。如果信号系数排序的衰减方式快于该门限函数,说明信号越容易通过压缩方式进行近似。

### 6.2.4 子空间的有限并集

在一些具体应用中,信号所具有的结构不能完全仅由稀疏度所概括。例如,当一些信号的稀疏支撑模式出现稀疏的情况时,可采用这些约束获取更加简捷的表达方式,这些稀疏模式成为结构化稀疏。通过结构化稀疏进行描述,可将稀疏度推广到子空间的并集,结构化稀疏和子空间并集模型将稀疏度的概念推广到了更为广阔的领域。

### 6.2.5 感知矩阵的有关概念

下面考虑一个测量系统,即通过 $M<N$ 次线性测量,将信号 $x \in \mathbf{R}^{N \times 1}$ 最终变为 $y = Ax$,其中 $A \in \mathbf{R}^{M \times N}$ 代表降维过程,即将 $\mathbf{R}^{N \times 1}$ 空间映射到 $\mathbf{R}^{M \times 1}$ 空间。在压缩感知框架下,假设测量过程是非自适应的,即 $A \in \mathbf{R}^{M \times N}$ 的行数是事先固定的且

# 第6章 压缩感知理论

不依赖于之前所获取的测量值。当然，在特定情况下自适应测量框架容易大幅度提升算法性能。

压缩感知中有两大理论问题：

（1）如何设计感知矩阵 $A \in \mathbf{R}^{M \times N}$，以保存信号的信息。

（2）如何从 $y \in \mathbf{R}^{M \times 1}$ 中恢复信号 $x \in \mathbf{R}^{N \times 1}$。

在设计能满足精确恢复稀疏信号的感知矩阵之前，需要考虑该矩阵应满足哪些性质。因此，引入以下概念。

1. 零空间条件

假设

$$N(A) = \{z : Az = 0\} \quad (6\text{-}12)$$

即式（6-12）为 $A$ 的零空间。可用来描述稀疏信号唯一性的方式很多，定义 spark($A$) 为矩阵 $A$ 线性相关列向量的最小个数，这一点和矩阵的秩（Rank）不同，矩阵的秩表示最大的线性无关的列数。例如对于以下矩阵：

$$A_1 = \begin{bmatrix} 1,0,0,0,1 \\ 0,1,0,0,1 \\ 0,0,1,0,0 \\ 0,0,0,1,0 \end{bmatrix}, A_2 = \begin{bmatrix} 1,0,0,1 \\ 0,1,0,0 \\ 0,0,1,0 \end{bmatrix}, A_3 = \begin{bmatrix} 1,0,0,1 \\ 0,1,0,1 \\ 0,0,1,0 \end{bmatrix}, A_4 = \begin{bmatrix} 1,0,0,1 \\ 0,1,0,1 \\ 0,0,1,1 \end{bmatrix}$$

有 rank($A_1$) = 4, spark($A_1$) = 3， rank($A_2$) = rank($A_3$) = rank($A_4$) = 3， spark($A_2$) = 2, spark($A_3$) = 3, spark($A_4$) = 4。

为详细阐述这一点，先回顾几个基本概念。

（1）线性相关的定义：对 $N$ 个向量，存在不全为零的 $N$ 个常数，使其加权后等于零，则称这 $N$ 个向量是线性相关的；否则，称其为线性无关。

（2）两个向量线性相关的充分必要条件是两个向量共线。

（3）三个向量线性相关的充分必要条件是三个向量共面。

（4）空间中任意四个向量总是线性相关的。

（5）如果向量组是线性相关的，那么增加向量个数，不会改变向量的相关性。

还有以下引理：

**引理 6.1.** 对于任一向量 $y \in \mathbf{R}^{M \times 1}$，当且仅当 spark($A$) > $2\kappa$ 时，最多存在一个 $\kappa$ 稀疏信号 $x \in \mathbf{R}^{N \times 1}$，其满足

$$y = Ax \quad (6\text{-}13)$$

该引理的证明分两步，第一步证明：对于任意的向量 $y \in \mathbf{R}^{M \times 1}$，最多存在一个 $\kappa$ 稀

疏的 $x \in \mathbf{R}^{N \times 1}$，使得 $y = Ax$，则 $\text{spark}(A) > 2\kappa$。

**证明：**（1）假设 $\text{spark}(A) \leqslant 2\kappa$，根据定义得知 $A$ 的线性相关列小于或等于 $2\kappa$，由线性定义出发，存在某个非零向量 $h \in \Sigma_{2\kappa}$，使得 $Ah = 0$。由于 $h \in \Sigma_{2\kappa}$，故可将其表示为 $h = x - x'$，$x, x' \in \Sigma_\kappa$，得到

$$A(x - x') = 0 \tag{6-14}$$

得到了两个 $\kappa$ 稀疏信号，这与原条件不符合。

第二步证明：对于任一向量 $y \in \mathbf{R}^{M \times 1}$，满足 $y = Ax$，且 $\text{spark}(A) > 2\kappa$ 的 $\kappa$ 稀疏的 $x \in \mathbf{R}^{N \times 1}$ 最多有一个。

（2）假设这样的 $\kappa$ 稀疏信号有两个，$x, x' \in \Sigma_\kappa$，则

$$h = x - x' \tag{6-15}$$

$h \in \Sigma_{2\kappa}$。因为 $\text{spark}(A) > 2\kappa$，根据其定义，所以推断存在某个非零向量使得 $Ah = 0$。而假设 $h \in \Sigma_{2\kappa}$，即 $h$ 所在的子空间维数小于或等于 $2\kappa$，要满足 $Ah = 0$。只有 $h = 0$，这与假设结论相矛盾，因此假设不成立，原命题成立。

从该定理得出的结论：$M > 2\kappa$。当处理严格稀疏向量时，可采用以上方案，但处理近似稀疏信号时，则需要考虑更为严格的条件。

### 2. 有限等距性质

在文献[213]中，Candès 和 Tao 介绍了有限等距性质（Restricted Isometry Property，RIP），确立了其在压缩感知中的重要角色。RIP 的定义如下：

如果存在一个常数 $\delta_\kappa \in (0,1)$ 对所有的 $\kappa$ 稀疏向量 $x$ 满足：

$$(1 - \delta_\kappa) \| x \|_2^2 \leqslant \| Ax \|_2^2 \leqslant (1 + \delta_\kappa) \| x \|_2^2 \tag{6-16}$$

就认为矩阵 $A$ 满足 $\kappa$ 阶有限等距性质。

值得注意的是，在上述定义中，边界假定关于 1 对称，这仅仅是为了表达的方便。在实际应用中，可考虑任一边界值 $0 < \alpha \leqslant \beta < \infty$，满足

$$\alpha \| x \|_2^2 \leqslant \| Ax \|_2^2 \leqslant \beta \| x \|_2^2 \tag{6-17}$$

对于 RIP 需要补充的一点是，如果矩阵 $A$ 满足 $\kappa$ 阶常数 $\delta_\kappa$ 的有限等距性质，那么也满足任一 $\kappa'$ 阶常数 $\delta_{\kappa'}$ 的有限等距性质，其中 $\delta_{\kappa'} \leqslant \delta_\kappa$。

矩阵 $A$ 满足 RIP 实际上是一个判断算法是否能成功恢复稀疏信号的充分条件。该条件是否为必要条件，还需要进一步阐述，先考虑以下稳定性概念。

**定义：** 令 $A: \mathbf{R}^{N \times 1} \to \mathbf{R}^{M \times 1}$ 表示一个感知矩阵且定义 $\Delta: \mathbf{R}^{M \times 1} \to \mathbf{R}^{N \times 1}$ 表示一个恢复算法。如果任一 $\kappa$ 稀疏向量 $x$ 和任一噪声信号 $e \in \mathbf{R}^{M \times 1}$ 满足：

$$\| \Delta(Ax + e) - x \| \leqslant C \| e \| \tag{6-18}$$

就称这一对 $(A,\Delta)$ 算法是 $C$ 稳定的。

该定义表明，如果加入少量噪声信号到测量值中，其对恢复信号产生一定影响。

**定理（文献[214]定理 3.1）**：如果一对 $(A,\Delta)$ 算法是 $C$ 稳定的，那么对于所有 $2\kappa$ 稀疏向量 $x$ 有

$$\frac{1}{C}\|x\| \leqslant \|Ax\| \qquad (6\text{-}19)$$

注意：当 $C \to 1$ 时，矩阵 $A$ 必须满足 RIP 的下界 $\delta_\kappa = 1 - \frac{1}{C^2} \to 0$，如果需要降低所恢复信号中噪声的影响则需调整矩阵 $A$，使其满足更紧的 RIP 下限。此时，上限是否还有必要。在一些特定的环境中，噪声和矩阵 $A$ 本质上是独立的，调整矩阵 $A$ 本质上是调整测量值信号部分的增益，如果增加该增益不会影响噪声，就可无限提高信噪比。因此，与信号相比，噪声可忽略不计。但实际应用中，我们无法任意调整矩阵 $A$ 的大小，在很多场景中，噪声和矩阵 $A$ 不是独立的。

我们关心的问题是需要进行多少次测量才能使得矩阵 $A$ 满足 RIP，若忽略常数 $\delta$ 的影响，仅关注问题的维数 $N$、$M$、$\kappa$，则可确定一个简单的下限边界。

**定理（文献[273]的定理 3.5）**：设矩阵 $A$ 为满足 $2\kappa$ 阶 RIP 的 $M \times N$ 维矩阵，常数 $\delta \in \left(0, \frac{1}{2}\right)$，那么 $M \geqslant C\kappa \log_{10}(N/\kappa)$，其中 $C = \frac{1}{2}\log_{10}(\sqrt{24}+1) \approx 0.39$。

尽管给出了 spark 值和 RIP 条件，验证矩阵 $A$ 是否满足以上特点这一过程的计算量很大，因为在每种情况下都需要考虑 $C_N^\kappa$ 种情况下的子矩阵是否满足该特性。在很多情况下，更倾向于采用相关性来判断矩阵 $A$ 的特点[215,216]，相关性定义如下：

**定义**：矩阵 $A$ 的相关度 $\mu(A)$ 为任意两个向量 $a_i$、$a_j$ 的最大内积绝对值。用公式表示为

$$\mu(A) = \max_{1 \leqslant i < j \leqslant N} \frac{|<a_i, a_j>|}{\|a_i\| \cdot \|a_j\|} \qquad (6\text{-}20)$$

相关度的下界称为 Welch 界[217-219]，当 $N \gg M$，下界可大概估计为 $\mu(A) \geqslant \frac{1}{\sqrt{M}}$，相关度的概念可扩展到结构化稀疏模型和模拟信号的特定模型中[220-222]。

## 6.2.6　感知矩阵的构造

前面定义了矩阵 $A$ 在压缩感知背景下的一些相关特点，下面介绍如何构造一个这样的矩阵 $A$ 使其满足这些特点。可通过举例验证，例如先考虑 $M \times N$ 的范德蒙

（Vandermonde）矩阵，这类矩阵对于较大的 $N$ 而言，不能保证恢复算法的稳定性。同样地，$M \times M^2$ 加博尔（Gabor）矩阵[223]可达到相关度的下界要求 $\mu(A) = \frac{1}{\sqrt{M}}$，但对于恢复 $\kappa$ 稀疏信号而言，却严格限制了测量次数 $M = O(\kappa^2 \log_{10} N)$。在实际应用中，这些将导致对测量次数 $M$ 的要求往往不切实际。

所幸的是，这些限制可以通过随机化生成矩阵结构加以克服。例如，一个 $M \times N$ 矩阵 $A$ 中的元素是随机生成的，那么该矩阵以概率为 1 得到其 spark 值，即 $M+1$；如果矩阵中各个元素产生的随机方式为高斯随机、伯努利随机、或者任何一种亚高斯随机分布的方式，也将以极大概率满足 RIP 条件。

采用随机矩阵的另一个好处在于：随机产生的元素所构成的测量矩阵意味着若其子集足够大，也将能成功恢复信号[224,225]。因此，采用随机生成的矩阵 $A$，即使在测量过程中出现了小局部的元素丢失或元素变化，其鲁棒性依然很强。在实际应用中，如果信号 $x$ 在转换域 $\Phi$ 中为稀疏信号，就要求矩阵 $A\Phi$ 满足 RIP 条件。如果采用既定的构建方式构造矩阵 $A$ 时，就要明确地将 $\Phi$ 考虑进去；如果矩阵 $A$ 是随机选取的，就可以避免这一问题。例如，当矩阵 $A$ 是服从高斯分布的，而 $\Phi$ 是正交基，则很容易验证 $A\Phi$ 也是服从高斯分布的。因此，假设 $M$ 充分大，$A\Phi$ 也将以极大概率满足 RIP 条件，尽管不明显，类似的现象也会在亚高斯分布中出现[226]。

最终，人们注意到完全随机产生矩阵有时候在硬件上不可行，一些硬件架构则可获得相近的随机结果，如随机解调模式[227]、随机滤波[228]、调制宽带转换器[229]、随机卷积[230,231]、压缩相乘器[232]。

## 6.3 稀疏信号恢复算法

### 6.3.1 $l_1$ 范数最小化算法

目前，出现了大量的算法用于恢复稀疏信号 $x$，为方便阐述如何解决这一问题，我们首先回顾问题本身：给定测量值 $y$ 及先验知识是，信号 $x$ 是稀疏或可压缩的信号，尝试设计优化算法解决：

$$x = \arg\min_{z} \|z\|_0, \text{ s.t. } z \in B(y) \tag{6-21}$$

其中 $B(y)$ 确保 $x$ 和 $y$ 是关联的。例如，在无噪声环境下，设

$$B(y) = \{z : Az = y\} \tag{6-22}$$

当测量结果被少量有界噪声污染时，转而考虑以下问题：
$$B(y) = \{z : \|Az - y\| \leqslant \varepsilon\} \quad (6-23)$$
两种情况下都可认为是根据 $y$ 寻找合适的稀疏信号 $x$。

当然，这里考虑的 $x$ 本身是稀疏的，在更多情况下，信号是在某个基下为稀疏的，因此，所考虑的情况与上述类似。然而，目标函数中的 $\|z\|_0$ 是非凸函数，导致求解过程非常困难，研究发现求解该目标函数是一个 NP 问题[233]。

将 $\|z\|_0$ 转为 $\|z\|_1$ 是常用的优化方法，考虑：
$$x = \arg\min_z \|z\|_1, \quad \text{s.t.} \quad z \in B(y) \quad (6-24)$$
若 $B(y)$ 是凸函数的，则该问题有现成的求解方法，在实际应用中该问题常转化为线性优化问题[234]。当然，有众多理由质疑 $l_1$ 范数最小化算法的恢复精度。为阐述这一点，首先给出若干引理 6.2～6.4。

**引理 6.2** 设 $A$ 以常数 $\delta_{2\kappa} < \sqrt{2} - 1$ 满足 $2\kappa$ 阶 RIP，给定 $x, \hat{x} \in \mathbf{R}^{N\times 1}$，定义 $h = \hat{x} - x$，令 $\Lambda_0$ 表示 $x$ 中 $\kappa$ 个最大幅值对应的索引集合，而 $\Lambda_1$ 表示 $h_{\Lambda_0^c}$ 中 $\kappa$ 个最大幅值对应的索引集，设 $\Lambda = \Lambda_0 \cup \Lambda_1$，如果 $\|\hat{x}\|_1 \leqslant \|x\|_1$，那么
$$\|h\| \leqslant C_0 \frac{\sigma_\kappa(x)_1}{\sqrt{\kappa}} + C_1 \frac{|<Ah_\Lambda, Ah>|}{\|h_\Lambda\|} \quad (6-25)$$
其中
$$C_0 = 2\frac{1 - (1-\sqrt{2})\delta_{2\kappa}}{1 - (1+\sqrt{2})\delta_{2\kappa}} \quad (6-26)$$
$$C_1 = \frac{2}{1 - (1+\sqrt{2})\delta_{2\kappa}} \quad (6-27)$$
$$\sigma_\kappa(x)_p = \min_{\hat{x} \in \Sigma_\kappa} \|x - \hat{x}\|_p \quad (6-28)$$

引理 6.2 给出了 $l_1$ 范数最小化算法的恢复误差边界。要证明引理 6.2，先给出定理 6.3 及其证明。

**引理 6.3**：令 $\Lambda_0$ 为 $\{1,2,\cdots,N\}$ 的任一子集且有 $|\Lambda_0| < \kappa$，对于任一向量 $u \in \mathbf{R}^{N\times 1}$，定义 $\Lambda_1$ 为向量 $u_{\Lambda_0^c}$ 中 $\kappa$ 个最大元素的索引集，$\Lambda_2$ 为下次 $\kappa$ 个最大元素的索引集，依此类推，那么 $\sum_{j\geqslant 2} \|u_{\Lambda_j}\| \leqslant \frac{\|u_{\Lambda_0^c}\|_1}{\sqrt{\kappa}}$。

**证明**：对于 $j \geqslant 2$，由于索引集 $\Lambda_j$ 对向量 $u$ 进行了降序排列，则有 $\|u_{\Lambda_j}\|_\infty \leqslant \frac{\|u_{\Lambda_{j-1}}\|_1}{\kappa}$（上一次轮询的 $\kappa$ 个元素绝对值平均值也比下一次轮询的最大

元素大,这是因索引集定义所致)。由于向量各元素平方和一定小于向量中最大元素平方的 $\kappa$ 倍,即

$$\sum_{j\geqslant 2}\|\boldsymbol{u}_{\Lambda_j}\|\leqslant \sqrt{\kappa}\sum_{j\geqslant 2}\|\boldsymbol{u}_{\Lambda_j}\|_{\infty} \qquad (6\text{-}29)$$

因此有

$$\sqrt{\kappa}\sum_{j\geqslant 2}\|\boldsymbol{u}_{\Lambda_j}\|_{\infty}\leqslant \frac{1}{\sqrt{\kappa}}\sum_{j\geqslant 1}\|\boldsymbol{u}_{\Lambda_j}\|_1=\frac{\|\boldsymbol{u}_{\Lambda_0^c}\|_1}{\sqrt{\kappa}} \qquad (6\text{-}30)$$

前一个不等式由轮询关系决定,后一个等式由于定义决定,从而有

$$\sum_{j\geqslant 2}\|\boldsymbol{u}_{\Lambda_j}\|\leqslant \frac{\|\boldsymbol{u}_{\Lambda_0^c}\|_1}{\sqrt{\kappa}} \qquad (6\text{-}31)$$

前面描述的最大值之和都小,自然所有值之和就更小了。

**引理 6.4**:假设矩阵 $\boldsymbol{A}$ 满足 $2\kappa$ 阶 RIP,令 $\Lambda_0$ 为 $\{1,2,\cdots,N\}$ 的任一子集且有 $|\Lambda_0|<\kappa$,并给定 $\boldsymbol{h}\in \mathbf{R}^{N\times 1}$,定义 $\Lambda_1$ 为向量 $\boldsymbol{h}_{\Lambda_0^c}$ 中 $\kappa$ 个最大元素的索引集,$\Lambda_2$ 为下次 $\kappa$ 个最大元素的索引集,设 $\Lambda=\Lambda_0\cup\Lambda_1$,那么

$$\|\boldsymbol{h}_{\Lambda}\|\leqslant \alpha \frac{\|\boldsymbol{h}_{\Lambda_0^c}\|_1}{\sqrt{\kappa}}+\beta\frac{|<\boldsymbol{Ah}_{\Lambda},\boldsymbol{Ah}>|}{\|\boldsymbol{h}_{\Lambda}\|} \qquad (6\text{-}32)$$

其中,$\alpha=\dfrac{\sqrt{2}\delta_{2\kappa}}{1-\delta_{2\kappa}}$, $\beta=\dfrac{1}{1-\delta_{2\kappa}}$。

下面给出引理 6.2 的证明,其核心思想来自文献[235]。

**证明**:通过观察向量

$$\boldsymbol{h}=\boldsymbol{h}_{\Lambda}+\boldsymbol{h}_{\Lambda^c} \qquad (6\text{-}33)$$

有三角不等式

$$\|\boldsymbol{h}\|\leqslant \|\boldsymbol{h}_{\Lambda}\|+\|\boldsymbol{h}_{\Lambda^c}\| \qquad (6\text{-}34)$$

由于 $\Lambda=\Lambda_0\cup\Lambda_1$,则 $\Lambda^c=\sum\limits_{j\geqslant 2}\Lambda_j$,首先界定 $\|\boldsymbol{h}_{\Lambda_0^c}\|_2$,从引理 6.3 得出:

$$\|\boldsymbol{h}_{\Lambda^c}\|=\left\|\sum_{j\geqslant 2}\boldsymbol{h}_{\Lambda_j}\right\|\leqslant \sum_{j\geqslant 2}\|\boldsymbol{h}_{\Lambda_j}\|\leqslant \frac{\|\boldsymbol{h}_{\Lambda_0^c}\|_1}{\sqrt{\kappa}} \qquad (6\text{-}35)$$

其次,界定 $\|\boldsymbol{h}_{\Lambda_0^c}\|_1$,假设 $\|\boldsymbol{x}\|_1\geqslant \|\hat{\boldsymbol{x}}\|_1$,且定义 $\boldsymbol{h}=\hat{\boldsymbol{x}}-\boldsymbol{x}$,有三角不等式

$$\|\boldsymbol{x}\|_1\geqslant \|\boldsymbol{h}+\boldsymbol{x}\|_1=\|\boldsymbol{x}_{\Lambda_0}+\boldsymbol{h}_{\Lambda_0}\|_1+\|\boldsymbol{x}_{\Lambda_0^c}+\boldsymbol{h}_{\Lambda_0^c}\|_1$$

$$\geqslant \|\boldsymbol{x}_{\Lambda_0}\|_1-\|\boldsymbol{h}_{\Lambda_0}\|_1+\|\boldsymbol{h}_{\Lambda_0^c}\|_1-\|\boldsymbol{x}_{\Lambda_0^c}\|_1 \qquad (6\text{-}36)$$

重组该不等式,得到

## 第6章 压缩感知理论

$$\|\boldsymbol{h}_{A_0^c}\|_1 \leqslant \|\boldsymbol{x}\|_1 - \|\boldsymbol{x}_{A_0}\|_1 + \|\boldsymbol{h}_{A_0}\|_1 + \|\boldsymbol{x}_{A_0^c}\|_1 \leqslant \|\boldsymbol{x} - \boldsymbol{x}_{A_0}\|_1 + \|\boldsymbol{h}_{A_0}\|_1 + \|\boldsymbol{x}_{A_0^c}\|_1 \quad (6\text{-}37)$$

根据之前定义的 $\sigma_K(\boldsymbol{x})_1 = \|\boldsymbol{x} - \boldsymbol{x}_{A_0}\|_1 = \|\boldsymbol{x}_{A_0^c}\|_1$,则

$$\|\boldsymbol{h}_{A_0^c}\|_1 \leqslant \|\boldsymbol{h}_{A_0}\|_1 + 2\sigma_K(\boldsymbol{x})_1 \quad (6\text{-}38)$$

结合

$$\|\boldsymbol{h}_{A^c}\| = \left\|\sum_{j \geqslant 2} \boldsymbol{h}_{A_j}\right\| \leqslant \sum_{j \geqslant 2}\|\boldsymbol{h}_{A_j}\| \leqslant \frac{\|\boldsymbol{h}_{A_0^c}\|_1}{\sqrt{K}} \quad (6\text{-}39)$$

得到

$$\|\boldsymbol{h}_{A^c}\| \leqslant \frac{\|\boldsymbol{h}_{A_0}\|_1 + 2\sigma_K(\boldsymbol{x})_1}{\sqrt{K}} \leqslant \|\boldsymbol{h}_{A_0}\|_2 + 2\frac{\sigma_K(\boldsymbol{x})_1}{\sqrt{K}} \quad (6\text{-}40)$$

通过观察 $\|\boldsymbol{h}_{A_0}\| \leqslant \|\boldsymbol{h}_A\|$,结合

$$\|\boldsymbol{h}\| \leqslant \|\boldsymbol{h}_A\| + \|\boldsymbol{h}_{A^c}\| \quad (6\text{-}41)$$

得到

$$\|\boldsymbol{h}\| \leqslant 2\|\boldsymbol{h}_A\| + 2\frac{\sigma_K(\boldsymbol{x})_1}{\sqrt{K}} \quad (6\text{-}42)$$

更为详细的证明可参阅文献[235]。

### 6.3.2 基追踪和基追踪降噪方法

基追踪（Basis Pursuit, BP）和基追踪降噪（Basis Pursuit De-Noising, BPDN）都不能称为具体的算法，而是一种优化方法，目的是解决式（6-43）的求解问题。

$$\min_{\boldsymbol{x}} \frac{1}{2}\|\boldsymbol{y} - \boldsymbol{A}\boldsymbol{x}\|_2^2 + \lambda\|\boldsymbol{x}\|_1 \quad (6\text{-}43)$$

在阐述详细的求解程序之前，先介绍 MATLAB 中的匿名函数的使用方法。匿名函数的标准格式：fhandle=@（arglist）express。

（1）express 是一个 MATLAB 变量表达式，如 x+x.^2 和 sin(x)等。

（2）argilst 是参数列表。

（3）符号@是 MATLAB 创建函数句柄的操作符,表示创建输入参数列表 arglist 和变量表达式 express 确定的函数句柄，并把该函数句柄返回给变量 fhandle。这样，以后就可通过 fhandle 来调用定义好的函数了。

例如，myfun=@(x)(x+x.^2)

为解决

$$\min_{\boldsymbol{x}}\|\boldsymbol{x}\|_1 \quad \text{s.t.} \quad \boldsymbol{y} = \boldsymbol{A}\boldsymbol{x} \quad (6\text{-}44)$$

寻优方法所用的 MATLAB 代码如下：

```
function xp = l1eq_pd(x0, A, At, b, pdtol, pdmaxiter, cgtol, cgmaxiter)
    largescale = isa(A,'function_handle');
    if (nargin < 5), pdtol = 1e-3;  end
    if (nargin < 6), pdmaxiter = 50;  end
    if (nargin < 7), cgtol = 1e-8;  end
    if (nargin < 8), cgmaxiter = 200;  end
    N = length(x0);
    alpha = 0.01;
    beta = 0.5;
    mu = 10;
    gradf0 = [zeros(N,1); ones(N,1)];
    if (largescale)
      if (norm(A(x0)-b)/norm(b) > cgtol)
        disp('Starting point infeasible; using x0 = At*inv(AAt)*y.');
        AAt = @(z) A(At(z));
        [w, cgres, cgiter] = cgsolve(AAt, b, cgtol, cgmaxiter, 0);
        if (cgres > 1/2)
          disp('A*At is ill-conditioned: cannot find starting point');
          xp = x0;
          return;
        end
        x0 = At(w);
      end
    else
      if (norm(A*x0-b)/norm(b) > cgtol)
        disp('Starting point infeasible; using x0 = At*inv(AAt)*y.');
        opts.POSDEF = true; opts.SYM = true;
        [w, hcond] = linsolve(A*A', b, opts);
        if (hcond < 1e-14)
          disp('A*At is ill-conditioned: cannot find starting point');
          xp = x0;
          return;
        end
        x0 = A'*w;
      end
```

## 第6章 压缩感知理论

```
end
x = x0;
u = (0.95)*abs(x0) + (0.10)*max(abs(x0));
fu1 = x - u;
fu2 = -x - u;
lamu1 = -1./fu1;
lamu2 = -1./fu2;
if (largescale)
  v = -A(lamu1-lamu2);
  Atv = At(v);
  rpri = A(x) - b;
else
  v = -A*(lamu1-lamu2);
  Atv = A'*v;
  rpri = A*x - b;
end
sdg = -(fu1'*lamu1 + fu2'*lamu2);
tau = mu*2*N/sdg;
rcent = [-lamu1.*fu1; -lamu2.*fu2] - (1/tau);
rdual = gradf0 + [lamu1-lamu2; -lamu1-lamu2] + [Atv; zeros(N,1)];
resnorm = norm([rdual; rcent; rpri]);
pditer = 0;
done = (sdg < pdtol) | (pditer >= pdmaxiter);
while (~done)
  pditer = pditer + 1;
  w1 = -1/tau*(-1./fu1 + 1./fu2) - Atv;
  w2 = -1 - 1/tau*(1./fu1 + 1./fu2);
  w3 = -rpri;
  sig1 = -lamu1./fu1 - lamu2./fu2;
  sig2 = lamu1./fu1 - lamu2./fu2;
  sigx = sig1 - sig2.^2./sig1;
  if (largescale)
    w1p = w3 - A(w1./sigx - w2.*sig2./(sigx.*sig1));
    h11pfun = @(z) -A(1./sigx.*At(z));
    [dv, cgres, cgiter] = cgsolve(h11pfun, w1p, cgtol, cgmaxiter, 0);
    if (cgres > 1/2)
      disp('Cannot solve system.  Returning previous iterate.  (See Section 4 of notes for more information.)');
```

```
        xp = x;
        return
    end
    dx = (w1 - w2.*sig2./sig1 - At(dv))./sigx;
    Adx = A(dx);
    Atdv = At(dv);
else
    w1p = -(w3 - A*(w1./sigx - w2.*sig2./(sigx.*sig1)));
    H11p = A*(sparse(diag(1./sigx))*A');
    opts.POSDEF = true; opts.SYM = true;
    [dv,hcond] = linsolve(H11p, w1p, opts);
    if (hcond < 1e-14)
        disp('Matrix ill-conditioned.  Returning previous iterate.  (See Section 4 of notes for more information.)');
        xp = x;
        return
    end
    dx = (w1 - w2.*sig2./sig1 - A'*dv)./sigx;
    Adx = A*dx;
    Atdv = A'*dv;
end
du = (w2 - sig2.*dx)./sig1;
dlamu1 = (lamu1./fu1).*(-dx+du) - lamu1 - (1/tau)*1./fu1;
dlamu2 = (lamu2./fu2).*(dx+du) - lamu2 - 1/tau*1./fu2;
indp = find(dlamu1 < 0);  indn = find(dlamu2 < 0);
s =min([1; -lamu1(indp)./dlamu1(indp); -lamu2(indn)./dlamu2(indn)]);
indp = find((dx-du) > 0);  indn = find((-dx-du) > 0);
s = (0.99)*min([s; -fu1(indp)./(dx(indp)-du(indp)); -fu2(indn)./(-dx(indn)-du(indn))]);
suffdec = 0;
backiter = 0;
while (~suffdec)
  xp = x + s*dx;  up = u + s*du;
  vp = v + s*dv;  Atvp = Atv + s*Atdv;
  lamu1p = lamu1 + s*dlamu1;  lamu2p = lamu2 + s*dlamu2;
  fu1p = xp - up;  fu2p = -xp - up;
  rdp = gradf0 + [lamu1p-lamu2p; -lamu1p-lamu2p] + [Atvp; zeros(N,1)];
  rcp = [-lamu1p.*fu1p; -lamu2p.*fu2p] - (1/tau);
```

## 第6章 压缩感知理论

```
        rpp = rpri + s*Adx;
        suffdec = (norm([rdp; rcp; rpp]) <= (1-alpha*s)*resnorm);
        s = beta*s;
        backiter = backiter + 1;
        if (backiter > 32)
          disp('Stuck backtracking, returning last iterate. (See Section 4 of notes for more information.)')
          xp = x;
          return
        end
      end
      x = xp;  u = up;
      v = vp;  Atv = Atvp;
      lamu1 = lamu1p;  lamu2 = lamu2p;
      fu1 = fu1p;  fu2 = fu2p;
      sdg = -(fu1'*lamu1 + fu2'*lamu2);
      tau = mu*2*N/sdg;
      rpri = rpp;
      rcent = [-lamu1.*fu1; -lamu2.*fu2] - (1/tau);
      rdual = gradf0 + [lamu1-lamu2; -lamu1-lamu2] + [Atv; zeros(N,1)];
      resnorm = norm([rdual; rcent; rpri]);
      done = (sdg < pdtol) | (pditer >= pdmaxiter);
      disp(sprintf('Iteration = %d, tau = %8.3e, Primal = %8.3e, PDGap = %8.3e, Dual res = %8.3e, Primal res = %8.3e',...
        pditer, tau, sum(u), sdg, norm(rdual), norm(rpri)));
      if (largescale)
        disp(sprintf('      CG Res = %8.3e, CG Iter = %d', cgres, cgiter));
      else
        disp(sprintf('      H11p condition number = %8.3e', hcond));
      end
    end
```

测试代码如下：

```
function test_cgsolve
randn('state',1);rand('state',1);
clear all;close all;clc;
M = 100;%观测值个数
N = 300;%信号 x 的长度
```

```
κ = 20;%信号 x 的稀疏度
Index_κ = randperm(N);
x = zeros(N,1);
x(Index_κ(1:κ)) = 5*randn(κ,1);%x 为κ稀疏的,且位置是随机的
Psi = eye(N);%x 本身是稀疏的,定义稀疏矩阵为单位阵 x=Psi*theta
Phi = randn(M,N)/sqrt(M);%测量矩阵为高斯矩阵
A = Phi * Psi;%传感矩阵
y = Phi * x;%得到观测向量 y
Afun=@(z) A*z;
Atfun=@(z) A'*z;
tic
xp=l1eq_pd(x, Afun, Atfun, y, 1e-3, 30, 1e-8, 200);
toc
```

显示结果如下:

Iteration = 1, tau = 3.619e+01, Primal = 2.364e+02, PDGap = 1.658e+02, Dual res = 2.001e-01, Primal res = 2.402e-06
                CG Res = 7.470e-09, CG Iter = 52
Iteration = 2, tau = 1.478e+02, Primal = 1.183e+02, PDGap = 4.061e+01, Dual res = 3.076e-02, Primal res = 3.770e-07
                CG Res = 7.344e-09, CG Iter = 72
Iteration = 3, tau = 2.157e+02, Primal = 1.069e+02, PDGap = 2.781e+01, Dual res = 1.998e-02, Primal res = 2.505e-07
                CG Res = 7.406e-09, CG Iter = 153
Iteration = 4, tau = 3.960e+02, Primal = 9.488e+01, PDGap = 1.515e+01, Dual res = 9.868e-03, Primal res = 1.342e-07
                CG Res = 4.924e-09, CG Iter = 193
Iteration = 5, tau = 7.642e+02, Primal = 8.798e+01, PDGap = 7.851e+00, Dual res = 4.583e-03, Primal res = 5.924e-07
                CG Res = 7.011e-08, CG Iter = 200
Iteration = 6, tau = 1.088e+03, Primal = 8.570e+01, PDGap = 5.516e+00, Dual res = 3.068e-03, Primal res = 4.949e-07
                CG Res = 5.340e-08, CG Iter = 200
Iteration = 7, tau = 9.955e+03, Primal = 8.090e+01, PDGap = 6.027e-01, Dual res = 3.068e-05, Primal res = 1.031e-06
                CG Res = 3.946e-08, CG Iter = 200
Iteration = 8, tau = 9.133e+04, Primal = 8.038e+01, PDGap = 6.570e-02, Dual res = 3.068e-07, Primal res = 1.947e-06
                CG Res = 9.791e-08, CG Iter = 200

## 第6章 压缩感知理论

```
   Iteration = 9, tau = 8.379e+05, Primal = 8.032e+01, PDGap = 7.161e-03,
Dual res = 3.068e-09, Primal res = 9.708e-07
                CG Res = 4.701e-08, CG Iter = 200
   Iteration = 10, tau = 7.687e+06, Primal = 8.031e+01, PDGap = 7.805e-04,
Dual res = 3.068e-11, Primal res = 6.855e-07
                CG Res = 3.309e-08, CG Iter = 200
```

时间已过 0.210300s。

为解决以下问题:

$$\min_{x}\|x\|_1 \quad \text{s.t.} \quad \|y-Ax\|\leqslant\varepsilon \tag{6-45}$$

寻优方法所用的 MATLAB 代码如下:

```
function xp = l1qc_logbarrier(x0, A, At, b, epsilon, lbtol, mu, cgtol, cgmaxiter)
    largescale = isa(A,'function_handle');
    if (nargin < 6), lbtol = 1e-3; end
    if (nargin < 7), mu = 10; end
    if (nargin < 8), cgtol = 1e-8; end
    if (nargin < 9), cgmaxiter = 200; end
    newtontol = lbtol;
    newtonmaxiter = 50;
    N = length(x0);
    if (largescale)
      if (norm(A(x0)-b) > epsilon)
        disp('Starting point infeasible; using x0 = At*inv(AAt)*y.');
        AAt = @(z) A(At(z));
        [w, cgres] = cgsolve(AAt, b, cgtol, cgmaxiter, 0);
        if (cgres > 1/2)
          disp('A*At is ill-conditioned: cannot find starting point');
          xp = x0;
          return;
        end
        x0 = At(w);
      end
    else
      if (norm(A*x0-b) > epsilon)
        disp('Starting point infeasible; using x0 = At*inv(AAt)*y.');
        opts.POSDEF = true; opts.SYM = true;
        [w, hcond] = linsolve(A*A', b, opts);
```

```
        if (hcond < 1e-14)
          disp('A*At is ill-conditioned: cannot find starting point');
          xp = x0;
          return;
        end
        x0 = A'*w;
      end
    end
    x = x0;
    u = (0.95)*abs(x0) + (0.10)*max(abs(x0));
    disp(sprintf('Original l1 norm = %.3f, original functional = %.3f', sum(abs(x0)), sum(u)));
    tau = max((2*N+1)/sum(abs(x0)), 1);
    lbiter = ceil((log(2*N+1)-log(lbtol)-log(tau))/log(mu));
    disp(sprintf('Number of log barrier iterations = %d\n', lbiter));
    totaliter = 0;
    for ii = 1:lbiter
      [xp, up, ntiter] = l1qc_newton(x, u, A, At, b, epsilon, tau, newtontol, newtonmaxiter, cgtol, cgmaxiter);
      totaliter = totaliter + ntiter;
      disp(sprintf('\nLog barrier iter = %d, l1 = %.3f, functional = %8.3f, tau = %8.3e, total newton iter = %d\n', ...
          ii, sum(abs(xp)), sum(up), tau, totaliter));
      x = xp;
      u = up;
      tau = mu*tau;
    end
```

上面的代码中调用了子程序：

```
    function [xp, up, niter] = l1qc_newton(x0, u0, A, At, b, epsilon, tau, newtontol, newtonmaxiter, cgtol, cgmaxiter)
    % check if the matrix A is implicit or explicit
    largescale = isa(A,'function_handle');
    % line search parameters
    alpha = 0.01;
    beta = 0.5;
    if (~largescale), AtA = A'*A; end
    % initial point
```

## 第6章 压缩感知理论

```
x = x0;
u = u0;
if (largescale), r = A(x) - b; else  r = A*x - b; end
fu1 = x - u;
fu2 = -x - u;
fe = 1/2*(r'*r - epsilon^2);
f = sum(u) - (1/tau)*(sum(log(-fu1)) + sum(log(-fu2)) + log(-fe));
niter = 0;
done = 0;
while (~done)
  if (largescale), atr = At(r); else  atr = A'*r; end
  ntgz = 1./fu1 - 1./fu2 + 1/fe*atr;
  ntgu = -tau - 1./fu1 - 1./fu2;
  gradf = -(1/tau)*[ntgz; ntgu];
  sig11 = 1./fu1.^2 + 1./fu2.^2;
  sig12 = -1./fu1.^2 + 1./fu2.^2;
  sigx = sig11 - sig12.^2./sig11;
  w1p = ntgz - sig12./sig11.*ntgu;
  if (largescale)
    h11pfun = @(z) sigx.*z - (1/fe)*At(A(z)) + 1/fe^2*(atr'*z)*atr;
    [dx, cgres, cgiter] = cgsolve(h11pfun, w1p, cgtol, cgmaxiter, 0);
    if (cgres > 1/2)
      disp('Cannot solve system.  Returning previous iterate.  (See Section 4 of notes for more information.)');
      xp = x;  up = u;
      return
    end
    Adx = A(dx);
  else
    H11p = diag(sigx) - (1/fe)*AtA + (1/fe)^2*atr*atr';
    opts.POSDEF = true; opts.SYM = true;
    [dx,hcond] = linsolve(H11p, w1p, opts);
    if (hcond < 1e-14)
      disp('Matrix ill-conditioned.  Returning previous iterate. (See Section 4 of notes for more information.)');
      xp = x;  up = u;
      return
    end
```

```
        Adx = A*dx;
    end
    du = (1./sig11).*ntgu - (sig12./sig11).*dx;
    % minimum step size that stays in the interior
    ifu1 = find((dx-du) > 0); ifu2 = find((-dx-du) > 0);
    aqe = Adx'*Adx;   bqe = 2*r'*Adx;   cqe = r'*r - epsilon^2;
    smax = min(1,min([...
      -fu1(ifu1)./(dx(ifu1)-du(ifu1)); -fu2(ifu2)./(-dx(ifu2)-du(ifu2)); ...
      (-bqe+sqrt(bqe^2-4*aqe*cqe))/(2*aqe)
      ]));
    s = (0.99)*smax;
    % backtracking line search
    suffdec = 0;
    backiter = 0;
    while (~suffdec)
      xp = x + s*dx;  up = u + s*du;  rp = r + s*Adx;
      fu1p = xp - up;  fu2p = -xp - up;  fep = 1/2*(rp'*rp - epsilon^2);
      fp = sum(up) - (1/tau)*(sum(log(-fu1p)) + sum(log(-fu2p)) + log(-fep));
      flin = f + alpha*s*(gradf'*[dx; du]);
      suffdec = (fp <= flin);
      s = beta*s;
      backiter = backiter + 1;
      if (backiter > 32)
         disp('Stuck on backtracking line search, returning previous iterate.  (See Section 4 of notes for more information.)');
         xp = x;  up = u;
         return
      end
    end
    % set up for next iteration
    x = xp; u = up;  r = rp;
    fu1 = fu1p;  fu2 = fu2p;  fe = fep;  f = fp;
    lambda2 = -(gradf'*[dx; du]);
    stepsize = s*norm([dx; du]);
    niter = niter + 1;
    done = (lambda2/2 < newtontol) | (niter >= newtonmaxiter);
```

```
      disp(sprintf('Newton iter = %d, Functional = %8.3f, Newton
decrement = %8.3f, Stepsize = %8.3e', ...
        niter, f, lambda2/2, stepsize));
      if (largescale)
        disp(sprintf('      CG Res = %8.3e, CG Iter = %d', cgres, cgiter));
      else
        disp(sprintf('      H11p condition number = %8.3e', hcond));
      end
    end
```

以上方法的测试代码如下:

```
function test_l1qc_logbarrier
randn('state',1);rand('state',1);
clear all;close all;clc;
M = 100;%观测值个数
N = 300;%信号 x 的长度
κ = 20;%信号 x 的稀疏度
Index_κ = randperm(N);
x = zeros(N,1);
x(Index_κ(1:κ)) = 5*randn(κ,1);%x 为κ稀疏的,且位置是随机的
Psi = eye(N);%x 本身是稀疏的,定义稀疏矩阵为单位阵 x=Psi*theta
Phi = randn(M,N)/sqrt(M);%测量矩阵为高斯矩阵
A = Phi * Psi;%传感矩阵
y = Phi * x;%得到观测向量 y
Afun=@(z) A*z;
Atfun=@(z) A'*z;
tic
xp=l1qc_logbarrier(x, Afun, Atfun, y, 1e-6, 1e-3, 30, 1e-8, 200);
toc
```

运行之后的显示结果如下:

```
Original l1 norm = 80.312, original functional = 371.100
Number of log barrier iterations = 4

Newton iter = 1, Functional = 284.121, Newton decrement = 362.199,
Stepsize = 5.267e+00
              CG Res = 1.187e-02, CG Iter = 200
Newton iter = 2, Functional = 277.910, Newton decrement =   54.009,
```

Stepsize = 3.855e+00
                    CG Res = 3.917e-03, CG Iter = 200
       Newton iter = 3, Functional =  262.794, Newton decrement =   11.729,
Stepsize = 4.623e-01
                    CG Res = 1.066e-01, CG Iter = 200
       Newton iter = 4, Functional =  255.971, Newton decrement =    5.502,
Stepsize = 4.187e-01
                    CG Res = 9.308e-02, CG Iter = 200
       Newton iter = 5, Functional =  254.055, Newton decrement =    1.623,
Stepsize = 3.666e-01
                    CG Res = 8.967e-02, CG Iter = 200
       Newton iter = 6, Functional =  253.749, Newton decrement =    0.266,
Stepsize = 1.983e-01
                    CG Res = 5.382e-02, CG Iter = 200
       Newton iter = 7, Functional =  253.698, Newton decrement =    0.042,
Stepsize = 5.365e-02
                    CG Res = 3.362e-02, CG Iter = 200
       Newton iter = 8, Functional =  253.683, Newton decrement =    0.013,
Stepsize = 2.249e-02
                    CG Res = 2.523e-02, CG Iter = 200
       Newton iter = 9, Functional =  253.681, Newton decrement =    0.002,
Stepsize = 1.256e-02
                    CG Res = 2.353e-02, CG Iter = 200
       Newton iter = 10, Functional =  253.681, Newton decrement =   0.000,
Stepsize = 2.566e-03
                    CG Res = 2.375e-02, CG Iter = 200

       Log barrier iter = 1, l1 = 93.015, functional =  155.404, tau = 7.483e+00, total newton iter = 10

       Newton iter = 1, Functional =  114.085, Newton decrement = 1044.082,
Stepsize = 1.855e+00
                    CG Res = 2.108e-02, CG Iter = 200
       Newton iter = 2, Functional =   98.261, Newton decrement =  121.102,
Stepsize = 1.373e+00
                    CG Res = 7.880e-02, CG Iter = 200
       Newton iter = 3, Functional =   96.368, Newton decrement =    6.856,
Stepsize = 1.991e-01

# 第 6 章 压缩感知理论

```
                CG Res = 2.434e-01, CG Iter = 200
   Newton iter = 4, Functional =    95.750, Newton decrement =    1.186, Stepsize = 5.975e-02
                CG Res = 3.455e-01, CG Iter = 200
   Newton iter = 5, Functional =    95.688, Newton decrement =    0.106, Stepsize = 1.936e-02
                CG Res = 4.306e-01, CG Iter = 200
   Newton iter = 6, Functional =    95.671, Newton decrement =    0.016, Stepsize = 5.950e-03
                CG Res = 3.449e-01, CG Iter = 200
   Cannot solve system.  Returning previous iterate.  (See Section 4 of notes for more information.)

   Log barrier iter = 2, l1 = 82.578, functional =    84.337, tau = 2.245e+02, total newton iter = 16

   Newton iter = 1, Functional =    83.559, Newton decrement =   30.170, Stepsize = 4.662e-02
                CG Res = 3.066e-01, CG Iter = 200
   Newton iter = 2, Functional =    83.258, Newton decrement =    6.334, Stepsize = 3.340e-02
                CG Res = 3.624e-01, CG Iter = 200
   Newton iter = 3, Functional =    83.013, Newton decrement =    2.117, Stepsize = 1.063e-02
                CG Res = 3.747e-01, CG Iter = 200
   Newton iter = 4, Functional =    82.929, Newton decrement =    0.368, Stepsize = 4.069e-03
                CG Res = 4.275e-01, CG Iter = 200
   Newton iter = 5, Functional =    82.919, Newton decrement =    0.058, Stepsize = 3.265e-03
                CG Res = 4.066e-01, CG Iter = 200
   Cannot solve system.  Returning previous iterate.  (See Section 4 of notes for more information.)

   Log barrier iter = 3, l1 = 82.254, functional =    82.274, tau = 6.735e+03, total newton iter = 21

   Cannot solve system.  Returning previous iterate.  (See Section
```

4 of notes for more information.)

　　Log barrier iter = 4, l1 = 82.254, functional = 82.274, tau = 2.021e+05, total newton iter = 21

时间已过 0.395824s。

## 6.4　信号恢复算法

本节讨论压缩感知测量中的信号恢复算法问题，该问题也是近年来压缩感知领域的热点。大量算法被用于稀疏估计、统计、理论计算科学中，其中，主要的问题是对原始信号的重构问题，而不是诸如检测、分类和参数估计等特定环境相关问题，因为这些环境下原始信号的完全恢复没有必要[236-243]。

### 1. $l_1$ 范数最小化算法

$l_1$ 范数最小化为解决稀疏信号恢复问题提供了有利的框架。这种方法不仅为稀疏信号的恢复提供了可靠精度，而且可结合凸优化方法求解。

这些优化问题可采用一般意义上的凸优化软件，其中有大量算法详细展示了如何在压缩感知背景下解决这一问题，如文献[244]~文献[252]。

### 2. 贪心算法

另一个被广泛使用的方法是用贪心算法解决稀疏信号的重构问题，这方面的具体研究可参考文献[253]~文献[269]。贪心算法依赖于信号系数和支撑信号的迭代估计，一些贪心算法实际上有性能保证，即与凸优化方法获得同样的算法性能。

对于正交匹配追踪（OMP）算法，最简单的保证是该算法可通过 $\kappa$ 次迭代获得 $\kappa$ 稀疏精确解，但是对感知矩阵的要求比较高。因为它对 RIP 的常数要求相对比较小，并且感知矩阵的行数满足 $M = O\left[\kappa^2 \log(N)\right]$。

### 3. 组合算法

稀疏信号恢复算法的另一个重要分支是组合算法。这些算法大都由理论计算科学领域提出，早于压缩感知理论研究但与稀疏信号恢复问题紧密相关。该领域最早的研究出现于组合群测试[270-273]。在解决这类问题时，假设从 $N$ 个样品中找出 $\kappa$ 个异常元素，如工业中的次品或医疗中的病变组织，目的是设计测试集用于识别异常元素的支撑信息，同时尽量最小化测试次数。为此，构造感知矩阵 $A$，

# 第6章 压缩感知理论

使之为二元矩阵，其中行代表测试次数，列代表测试样品，如果输出结果与输入结果呈线性关系，那么恢复信号 $x$ 的问题实际上是标准的压缩感知稀疏信号恢复问题。

组合算法另一个典型应用是计算数据流[233,274]。设 $x_i$ 为第 $i$ 个通过网络路由器的终端数据帧，简单存储这些数据不可行，因为可能的终端点数据量庞大，所以人们不直接存储 $x$ 而存储 $y = Ax$，此时的 $y$ 称为一个速写信号。当然，这里的计算过程不同于压缩感知，因为在网络中我们甚至不直接观测 $x_i$，只关注其增量。只有当网络中的终端数量较小时，从速写信号中恢复 $x$ 才是压缩感知的稀疏恢复问题。

目前广泛使用的凸优化方法和贪心算法的复杂度至少是和 $N$ 线性相关的，因为要恢复 $x$ 信号，至少要为读出 $x$ 的 $N$ 个元素付出计算成本。当 $N$ 变得非常大时，计算变得不切实际，如网络监控的场景。在这种背景下，人们希望找到一些算法，使这些算法的复杂度仅和信号的表达成线性关系，即稀疏度成线性关系。此时，算法不仅仅是一个信号恢复问题，而是 $\kappa$ 个最大元素的重构问题。而在现实中，这些算法确实存在，如文献[275]~文献[277]中提到的。

### 4. 多测量向量

与压缩感知特点相符的诸多应用包括多维相关信号的分布式获取，该类信号的特点是信号非零系数的位置特征相同。有一个专门的术语用于描述这种现象，即多测量向量（Multiple Measurement Vector，MMV），可参考文献[278]~文献[282]。在这种场景中，不是为了单独地恢复某个稀疏向量，而是开发它们共有的稀疏支撑集进行联合恢复。数据储存在矩阵 $x$ 中，该矩阵最多有 $\kappa$ 个非零的行。因此，不仅每个元稀疏度为 $\kappa$，而且拥有共同的位置集，称之为行稀疏。

研究发现，这一类算法也可在块稀疏重构的算法中得到扩展[282,283]应用。

## 6.5 6种典型的贪心算法

由于贪心算法计算结果的有效性和稳定性，故该类型算法一经提出就受到广泛的关注，影响非常大。本节集中讨论6种典型的贪心算法，并给出这些算法的流程和 MATLAB 程序，以供读者参考和学习。

### 6.5.1 正则化正交匹配追踪

将正交匹配追踪方法加入正则化步骤，得到文献[284]提出的正则化正交匹配追踪（ROMP）算法，目的是估计出 $y = Ax + e$。在以下流程中，$r_t$ 表示剩余误差，$t$ 表示迭代次数，$\varnothing$ 表示空集，$J_0$ 表示每次迭代找到的索引（一般并非只含一个序列号），$\Lambda_t$ 表示 $t$ 次迭代的索引集（列序号集）。

具体算法流程描述如下。

（1）初始化。

估计值初始化：$\hat{x} = 0$；

剩余误差初始化：$r_0 = y$；

设置一个空集列表：$\Lambda_0 = \varnothing$；

设置一个矩阵空集：$A_0 = \varnothing$；

迭代数：$t = 1$；

（2）鉴定。

计算：$u = \max(|Ar_{t-1}|)$，选择 $u$ 中的最大的 $\kappa$ 个值（或所有非零值，若非零值数目小于 $\kappa$），将这些索引集对应的列序号 $j$ 构成集合 $J$；

（3）正则化。

在集合 $J$ 寻找子集 $J_0$，满足：$|u(i)| \leq 2|u(j)|, j, i \in J_0$，选择所有满足要求的子集 $J_0$ 中具有最大能量（$\sum_j |u(j)|^2$）的 $J_0$。

令 $\Lambda_t = \Lambda_{t-1} \bigcup J_0$，$A_t = A_{t-1} \bigcup a_j$（其中所有的 $j \in J_0$）；

更新剩余误差：$r_t = y - A_t A_t^\dagger y$；

如果算法的终止条件满足，那么

输出估计值：$\hat{x} = A_t^\dagger y$。

ROMP 的代码如下：

```
function [ theta ] = CS_ROMP( y,A,κ )
    [y_rows,y_columns] = size(y);
    if y_rows<y_columns
        y = y';%y should be a column vector
    end
    [M,N] = size(A);%传感矩阵A为M*N矩阵
    theta = zeros(N,1);%用来存储恢复的theta(列向量)
    At = zeros(M,3*κ);%用来迭代过程中存储A被选择的列
    Pos_theta = zeros(1,2*κ);%用来迭代过程中存储A被选择的列序号
    Index = 0;
    r_n = y;%初始化剩余误差(residual)为y
    for ii=1:κ%迭代κ次
        product = A'*r_n;%传感矩阵A各列与剩余误差的内积
```

## 第6章 压缩感知理论

```
    [val,pos] = Regularize(product,κ);%按正则化规则选择原子
    At(:,Index+1:Index+length(pos)) = A(:,pos);%存储这几列
    Pos_theta(Index+1:Index+length(pos)) = pos;%存储这几列的序号
    if Index+length(pos)<=M%At 的行数大于列数,此为最小二乘法的基础
        Index = Index+length(pos);%更新 Index,为下次循环做准备
    else%At 的列数大于行数,
        break;%跳出 for 循环
    end
    theta_ls = (At(:,1:Index)'*At(:,1:Index))^(-1)*At(:,1:Index)'*y;%
    r_n = y - At(:,1:Index)*theta_ls;%更新剩余误差
    if norm(r_n)<1e-6%Repeat the steps until r=0
        break;%跳出 for 循环
    end
    if Index>=2*κ%or until |I|>=2κ
        break;%跳出 for 循环
    end
end
theta(Pos_theta(1:Index))=theta_ls;%恢复出的 theta
end
```

其中,正则化的代码如下:

```
function [val,pos] = Regularize(product,Kin)
    productabs = abs(product);%取绝对值
    [productdes,indexproductdes] = sort(productabs,'descend');
                                %降序排列
    for ii = length(productdes):-1:1
        if productdes(ii)>1e-6%判断 productdes 中非零值个数
            break;
        end
    end
    if ii>=Kin
        J = indexproductdes(1:Kin);%集合 J
        Jval = productdes(1:Kin);%集合 J 对应的序列值
        κ = Kin;
    else%or all of its nonzero coordinates,whichever is smaller
        J = indexproductdes(1:ii);%集合 J
        Jval = productdes(1:ii);%集合 J 对应的序列值
        κ = ii;
```

```
        end
    MaxE = -1;%循环过程中存储最大能量值
    for kk = 1:κ
        J0_tmp = zeros(1,κ);iJ0 = 1;
        J0_tmp(iJ0) = J(kk);%以J(kk)为本次寻找J0的基准(最大值)
        Energy = Jval(kk)^2;%本次寻找J0的能量
        for mm = kk+1:κ
            if Jval(kk)<4*Jval(mm)%找到符合|u(i)|<=2|u(j)|的
                iJ0 = iJ0 + 1;%J0自变量增1
                J0_tmp(iJ0) = J(mm);%更新J0
                Energy = Energy + Jval(mm)^2;%更新能量
            else%不符合|u(i)|<=2|u(j)|的
                break;%跳出本轮寻找,因后面更小的值也不会符合要求
            end
        end
        if Energy>MaxE%本次所得J0的能量大于前一组
            J0 = J0_tmp(1:iJ0);%更新J0
            MaxE = Energy    ;%更新MaxE,为下次循环做准备
        end
    end
    pos = J0;
    val = productabs(J0);
end
```

测试代码如下:

```
function test_ROMP
randn('state',1);rand('state',1);
clear all;close all;clc;
M = 100;%观测值个数
N = 300;%信号x的长度
κ = 20;%信号x的稀疏度
Index_κ = randperm(N);
x = zeros(N,1);
x(Index_κ(1:κ)) = 5*randn(κ,1);%x为κ稀疏的,且位置是随机的
Psi = eye(N);%x本身是稀疏的,定义稀疏矩阵为单位阵 x=Psi*theta
Phi = randn(M,N)/sqrt(M);%测量矩阵为高斯矩阵
A = Phi * Psi;%传感矩阵
y = Phi * x;%得到观测向量y
```

```
tic
theta = CS_ROMP( y,A,κ);
x_r = Psi * theta;% x=Psi * theta
toc
figure;
plot(x_r,'k.-');%绘出 x 的恢复信号
hold on;
plot(x,'r');%绘出原信号 x
hold off;
set(gca,'FontSize',13);
xlabel('信号长度','FontName','宋体');
ylabel('信号幅度','FontName','宋体');
title('ROMP 算法','FontName','宋体');
legend('恢复信号','原始信号','FontName','宋体');
fprintf('\n 恢复剩余误差: ');
norm(x_r-x)%恢复剩余误差
```

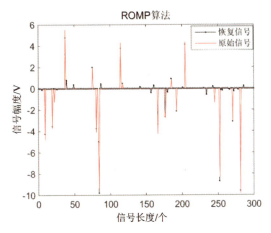

图 6-2　ROMP 算法单次恢复效果

## 6.5.2　压缩采样匹配追踪

压缩采样匹配追踪（Compressive Sampling MP，CoSaMP）是 Needell 继 ROMP 算法提出之后的又一种具有较大影响力的重构算法[285]。CoSaMP 算法是对 OMP 算法的一种改进算法，每次迭代需选择多个原子。除了原子的选择标准，该算法每次迭代所选择的原子在下次迭代中可能会被放弃，这一点与 ROMP 算法不同。

稀疏水声信号处理与压缩感知应用

CoSaMP 具体算法流程描述如下。

初始化
估计值初始化：$\hat{\boldsymbol{x}} = \mathbf{0}$；
剩余误差初始化：$\boldsymbol{r}_0 = \boldsymbol{y}$；
设置一个空集列表：$\Lambda_0 = \varnothing$；
设置一个矩阵空集：$\boldsymbol{A}_0 = \varnothing$；
迭代数：$t = 1$；
计算：$\boldsymbol{u} = \max(|\boldsymbol{Ar}_{t-1}|)$，选择 $\boldsymbol{u}$ 中的最大的 $2\kappa$ 个值，将这些索引集对应的列序号 $j$ 构成集合 $J_0$；
令 $\Lambda_t = \Lambda_{t-1} \bigcup J_0$，$\boldsymbol{A}_t = \boldsymbol{A}_{t-1} \bigcup \boldsymbol{a}_j$（其中所有的 $j \in J_0$）；
输出估计值：$\hat{\boldsymbol{x}}_t = \boldsymbol{A}_t^\dagger \boldsymbol{y}$；
从 $\hat{\boldsymbol{x}}_t$ 中挑选出绝对值最大的 $\kappa$ 项记为 $\hat{\boldsymbol{x}}_{t\kappa}$，对应 $\boldsymbol{A}_t$ 中的 $\kappa$ 项记为 $\boldsymbol{A}_{t\kappa}$，对应的序号记为 $\Lambda_{t\kappa}$，更新集合 $\Lambda_t = \Lambda_{t\kappa}$；
更新剩余误差：$\boldsymbol{r}_t = \boldsymbol{y} - \boldsymbol{A}_{t\kappa}\boldsymbol{A}_{t\kappa}^\dagger \boldsymbol{y}$；
如果算法的终止条件满足，那么
输出估计值：$\hat{\boldsymbol{x}} = \boldsymbol{A}_{t\kappa}^\dagger \boldsymbol{y}$。

CoSaMP 算法的代码如下：

```
function [ theta ] = CS_CoSaMP( y,A,κ )
    [y_rows,y_columns] = size(y);
    if y_rows<y_columns
        y = y';%
    end
    [M,N] = size(A);%传感矩阵 A 为 M*N 矩阵
    theta = zeros(N,1);%用来存储恢复的 theta(列向量)
    Pos_theta = [];%用来迭代过程中存储 A 被选择的列序号
    r_n = y;%初始化剩余误差
    for kk=1:κ%最多迭代κ次
        product = A'*r_n;%传感矩阵 A 各列与剩余误差的内积
        [val,pos]=sort(abs(product),'descend');
        Js = pos(1:2*κ);%选出内积值最大的 2κ 列
        Is = union(Pos_theta,Js);%Pos_theta 与 Js 并集
        if length(Is)<=M
            At = A(:,Is);%将 A 的这几列组成矩阵 At
        else%At 的列数大于行数，列必是线性相关的,At'*At 将不可逆
            if kk == 1
                theta_ls = 0;
```

```
        end
        break;%跳出 for 循环
    end
    theta_ls = (At'*At)^(-1)*At'*y;%最小二乘法解
    [val,pos]=sort(abs(theta_ls),'descend');
    Pos_theta = Is(pos(1:κ));
    theta_ls = theta_ls(pos(1:κ));
    r_n = y - At(:,pos(1:κ))*theta_ls;%更新剩余误差
    if norm(r_n)<1e-6
        break;%跳出 for 循环
    end
end
theta(Pos_theta)=theta_ls;%恢复出的 theta
```

测试代码如下:

```
function test_CoSaMP
randn('state',1);rand('state',1);
clear all;close all;clc;
M = 100;%观测值个数
N = 300;%信号 x 的长度
κ = 20;%信号 x 的稀疏度
Index_κ = randperm(N);
x = zeros(N,1);
x(Index_κ(1:κ)) = 5*randn(κ,1);%x 为κ稀疏的,且位置是随机的
Psi = eye(N);%x 本身是稀疏的,定义稀疏矩阵为单位阵 x=Psi*theta
Phi = randn(M,N)/sqrt(M);%测量矩阵为高斯矩阵
A = Phi * Psi;%传感矩阵
y = Phi * x;%得到观测向量 y
tic
theta = CS_CoSaMP( y,A,κ);
x_r = Psi * theta;% x=Psi * theta
toc
figure;
plot(x_r,'κ.-');%绘出 x 的恢复信号
hold on;
plot(x,'r');%绘出原信号 x
hold off;
set(gca,'FontSize',13);
```

```
xlabel('信号长度','FontName','宋体');
ylabel('信号幅度','FontName','宋体');
title('CoSaMP 算法','FontName','宋体');
legend('恢复信号','原始信号','FontName','宋体');
fprintf('\n 恢复剩余误差：');
norm(x_r-x)%恢复剩余误差
```

CoSaMP 算法单次恢复效果如图 6-3 所示。

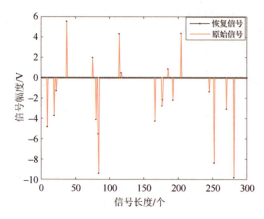

图 6-3　CoSaMP 算法单次恢复效果

### 6.5.3　分段正交匹配追踪

分段正交匹配追踪（Stage Wise OMP，StOMP）也称为逐步正交匹配追踪算法[286]，是 OMP 算法的另一种改进算法，每次迭代可选择多个原子。此算法的输入参数中没有信号稀疏度 $\kappa$，因此相比 ROMP 算法及 CoSaMP 算法有独到的优势。

具体算法流程描述如下。

初始化

估计值初始化：$\hat{\boldsymbol{x}} = \boldsymbol{0}$；

剩余误差初始化：$\boldsymbol{r}_0 = \boldsymbol{y}$；

设置一个空集列表：$\Lambda_0 = \varnothing$；

设置一个矩阵空集：$\boldsymbol{A}_0 = \varnothing$；

迭代数：$t = 1$；

计算：$\boldsymbol{u} = \max(|\boldsymbol{Ar}_{t-1}|)$，从 $\boldsymbol{u}$ 中选择大于门限的值，将这些值对应的 $\boldsymbol{A}$ 的列序号 $j$ 构成集合 $J_0$；

# 第6章 压缩感知理论

令 $\Lambda_t = \Lambda_{t-1} \cup J_0$，$\mathbf{A}_t = \mathbf{A}_{t-1} \cup \mathbf{a}_j$（其中所有的 $j \in J_0$），若无新列被选中，则停止迭代输出估计值；

更新剩余误差：$\mathbf{r}_t = \mathbf{y} - \mathbf{A}_t \mathbf{A}_t^\dagger \mathbf{y}$；

如果算法的终止条件满足则

输出估计值：$\hat{\mathbf{x}} = \mathbf{A}_{t_K}^\dagger \mathbf{y}$。

**StOMP 算法的代码如下：**

```
function [ theta ] = CS_StOMP( y,A,S,ts )
    if nargin < 4
        ts = 2.5;%ts 范围[2,3],默认值为 2.5
    end
    if nargin < 3
        S = 10;%S 默认值为 10
    end
    [y_rows,y_columns] = size(y);
    if y_rows<y_columns
        y = y';
    end
    [M,N] = size(A);%传感矩阵 A 为 M*N 矩阵
    theta = zeros(N,1);%用来存储恢复的 theta(列向量)
    Pos_theta = [];%用来迭代过程中存储 A 被选择的列序号
    r_n = y;%初始化剩余误差(residual)为 y
    for ss=1:S%最多迭代 S 次
        product = A'*r_n;%传感矩阵 A 各列与剩余误差的内积
        sigma = norm(r_n)/sqrt(M);%参见参考文献第 3 页 Remarks(3)
        Js = find(abs(product)>ts*sigma);%选出大于阈值的列
        Is = union(Pos_theta,Js);%Pos_theta 与 Js 并集
        if length(Pos_theta) == length(Is)
            if ss==1
                theta_ls = 0;%防止第 1 次就跳出,导致 theta_ls 无定义
            end
            break;%若没有新的列被选中,则跳出循环
        end
        if length(Is)<=M
            Pos_theta = Is;%更新列序号集合
            At = A(:,Pos_theta);%将 A 的这几列组成矩阵 At
        else%At 的列数大于行数,列必是线性相关的,At'*At 将不可逆
            if ss==1
```

```
                theta_ls = 0;%防止第1次就跳出，导致theta_ls无定义
            end
            break;%跳出for循环
        end
        theta_ls = (At'*At)^(-1)*At'*y;%最小二乘法解
        r_n = y - At*theta_ls;%更新剩余误差
        if norm(r_n)<1e-6%Repeat the steps until r=0
            break;%跳出for循环
        end
    end
    theta(Pos_theta)=theta_ls;%恢复出的theta
end
```

测试代码如下：

```
function test_StOMP
randn('state',1);rand('state',1);
clear all;close all;clc;
M = 100;%观测值个数
N = 300;%信号x的长度
κ = 20;%信号x的稀疏度
Index_κ = randperm(N);
x = zeros(N,1);
x(Index_κ(1:κ)) = 5*randn(κ,1);%x为κ稀疏的，且位置是随机的
Psi = eye(N);%x本身是稀疏的，定义稀疏矩阵为单位阵 x=Psi*theta
Phi = randn(M,N)/sqrt(M);%测量矩阵为高斯矩阵
A = Phi * Psi;%传感矩阵
y = Phi * x;%得到观测向量y
tic
theta = CS_StOMP(y,A,κ);
x_r = Psi * theta;% x=Psi * theta
toc
figure;
plot(x_r,'k.-');%绘出x的恢复信号
hold on;
plot(x,'r');%绘出原信号x
hold off;
set(gca,'FontSize',13);
xlabel('信号长度','FontName','宋体');
```

# 第6章 压缩感知理论

```
ylabel('信号幅度','FontName','宋体');
title('StOMP算法','FontName','宋体');
legend('恢复信号','原始信号','FontName','宋体');
fprintf('\n恢复剩余误差：');
norm(x_r-x)%恢复剩余误差
```

StOMP算法单次恢复效果如图6-4所示。

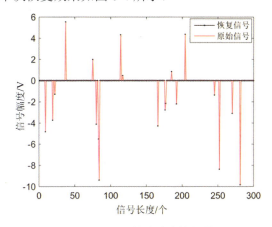

图6-4　StOMP算法单次恢复效果

## 6.5.4　子空间追踪

如果掌握了压缩采样匹配追踪（CoSaMP）算法后，再去学习子空间追踪（Subspace Pursuit，SP）算法[287]，就会发现它们几乎是完全一样的。在每次迭代中，SP算法增加$\kappa$个新的候选集，而CoSaMP算法增加$2\kappa$个，这样带来的好处是计算更加有效。

SP具体算法流程描述如下。

初始化
估计值初始化：$\hat{\boldsymbol{x}} = \boldsymbol{0}$；
剩余误差初始化：$\boldsymbol{r}_0 = \boldsymbol{y}$；
设置一个空集列表：$\Lambda_0 = \varnothing$；
设置一个矩阵空集：$\boldsymbol{A}_0 = \varnothing$；
迭代数：$t = 1$；
计算：$\boldsymbol{u} = \max(|\boldsymbol{Ar}_{t-1}|)$，选择$\boldsymbol{u}$中的最大的$\kappa$个值，将这些索引集对应的列序号$j$构成集合$J_0$；

令 $\Lambda_t = \Lambda_{t-1} \cup J_0$, $\mathbf{A}_t = \mathbf{A}_{t-1} \cup \mathbf{a}_j$ （其中所有的 $j \in J_0$）；

输出估计值：$\hat{\mathbf{x}}_t = \mathbf{A}_t^\dagger \mathbf{y}$；

从 $\hat{\mathbf{x}}_t$ 中挑选出绝对值最大的 $\kappa$ 项记为 $\hat{\mathbf{x}}_{t\kappa}$，对应 $\mathbf{A}_t$ 中的 $\kappa$ 项记为 $\mathbf{A}_{t\kappa}$，对应的序号记为 $\Lambda_{t\kappa}$，更新集合 $\Lambda_t = \Lambda_{t\kappa}$；

更新剩余误差：$\mathbf{r}_t = \mathbf{y} - \mathbf{A}_{t\kappa}\mathbf{A}_{t\kappa}^\dagger \mathbf{y}$；

若算法的终止条件满足，则

输出估计值：$\hat{\mathbf{x}} = \mathbf{A}_{t\kappa}^\dagger \mathbf{y}$。

SP 算法单次恢复效果如图 6-5 所示。

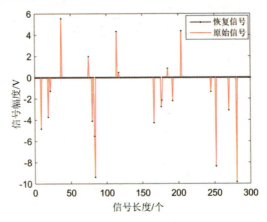

图 6-5　SP 算法单次恢复效果

### 6.5.5　稀疏度自适应追踪

基于实际稀疏度往往不可知这一限制性，文献[288]提出了稀疏度自适应的匹配追踪算法，目的是估计出 $\mathbf{y} = \boldsymbol{\Phi}\mathbf{x} + \mathbf{e}$，具体算法流程描述如下。

输入：采样矩阵 $\boldsymbol{\Phi}$，采样向量 $\mathbf{y}$，步长为 $s$；

输出：对于 $\kappa$ 稀疏的估计值 $\hat{\mathbf{x}}$。

初始化

估计值初始化：$\hat{\mathbf{x}} = \mathbf{0}$；

剩余误差初始化：$\mathbf{r}_0 = \mathbf{y}$；

设置一个空集列表：$F_0 = \varnothing$；

第一阶段列表步长：$I = s$；

迭代数：$\kappa = 1$；

阶段数：$j = 1$；

# 第6章 压缩感知理论

重复以下计算。

初步测试：$S_\kappa = \max(|\boldsymbol{\Phi r}_{\kappa-1}|, I)$；

制作候选列表：$C_\kappa = F_{\kappa-1} \cup S_\kappa$；

最终测试：$F = \max(|\boldsymbol{\Phi}^\dagger_{C_\kappa}\boldsymbol{y}|, I)$；

计算剩余误差：$\boldsymbol{r} = \boldsymbol{y} - \boldsymbol{\Phi}_F\boldsymbol{\Phi}^\dagger_F\boldsymbol{y}$；

若算法的终止条件满足，则

停止迭代

否则，如果$\|\boldsymbol{r}\|_2 \geq \|\boldsymbol{r}_{\kappa-1}\|_2$，那么转入阶段迭代切换

更新阶段数：$j = j + 1$；

更新列表大小：$I = j \times s$；

否则

更新列表：$F_\kappa = F$；

更新剩余误差：$\boldsymbol{r}_\kappa = \boldsymbol{r}$；

更新迭代数：$\kappa = \kappa + 1$；

结束如果；

直到终止条件满足为止；

输出估计值：$\hat{\boldsymbol{x}} = \boldsymbol{\Phi}^\dagger_F\boldsymbol{y}$。

测试代码如下：

```
function test_SAMP
%压缩感知重构算法测试
randn('state',1);rand('state',1);
clear all;close all;clc;
M = 100;%观测值个数
N = 300;%信号 x 的长度
κ = 20;%信号 x 的稀疏度
Index_κ = randperm(N);
x = zeros(N,1);
x(Index_κ(1:κ)) = 5*randn(κ,1);%x 为κ稀疏的，且位置是随机的
Psi = eye(N);%x 本身是稀疏的，定义稀疏矩阵为单位阵 x=Psi*theta
Phi = randn(M,N)/sqrt(M);%测量矩阵为高斯矩阵
A = Phi * Psi;%传感矩阵
y = Phi * x;%得到观测向量 y
%% 恢复重构信号 x
tic
```

```
theta = CS_SAMP( y,A,5);
x_r = Psi * theta;% x=Psi * theta
toc
%% 绘图
figure;
plot(x_r,'k.-');%绘出 x 的恢复信号
hold on;
plot(x,'r');%绘出原信号 x
hold off;
set(gca,'FontSize',13);
legend('恢复信号','原始信号','FontName','宋体');
fprintf('\n恢复剩余误差：');
norm(x_r-x)%恢复剩余误差
```

执行代码如下：

```
function [ theta ] = CS_SAMP( y,A,S )
    [y_rows,y_columns] = size(y);
    if y_rows<y_columns
        y = y';%y should be a column vector
    end
    [M,N] = size(A);%传感矩阵 A 为 M*N 矩阵
    theta = zeros(N,1);%用来存储恢复的 theta(列向量)
    Pos_theta = [];%用来迭代过程中存储 A 被选择的列序号
    r_n = y;%初始化剩余误差(residual)为 y
    L = S;%初始化步长(Size of the finalist in the first stage)
    Stage = 1;%初始化 Stage
    IterMax = M;
    for ii=1:IterMax%最多迭代 M 次
        %(1)初步测试
        product = A'*r_n;%传感矩阵 A 各列与剩余误差的内积
        [val,pos]=sort(abs(product),'descend');%降序排列
        Sk = pos(1:L);%选出最大的 L 个
        %(2)制作候选列表
```

```
        Ck = union(Pos_theta,Sk);
        %(3)最终测试
        if length(Ck)<=M
            At = A(:,Ck);%将A的这几列组成矩阵At
        else
            theta_ls=0;
            break;
        end
        %y=At*theta,以下求theta的最小二乘法解(Least Square)
        theta_ls = (At'*At)^(-1)*At'*y;%最小二乘法解
        [val,pos]=sort(abs(theta_ls),'descend');%降序排列
        F = Ck(pos(1:L));
        %(4)计算剩余误差
        %A(:,F)*theta_ls是y在A(:,F)列空间上的正交投影
        theta_ls = (A(:,F)'*A(:,F))^(-1)*A(:,F)'*y;
        r_new = y - A(:,F)*theta_ls;%更新剩余误差r
        if norm(r_new)<1e-6%终止条件为真
            Pos_theta = F;
            break;%终止迭代
        elseif norm(r_new)>=norm(r_n)%阶段切换
            Stage = Stage + 1;%更新阶段数
            L = Stage*S;%更新列表大小
            if ii == IterMax%最后一次循环
                Pos_theta = F;%更新Pos_theta以与theta_ls匹配,防止报错
            end
        else
            Pos_theta = F;%更新最终列表
            r_n = r_new;%更新剩余误差
        ond
    end
    theta(Pos_theta)=theta_ls;%恢复出的theta
end
```

经过测试得到的 SAMP 算法单次恢复效果如图 6-6 所示。

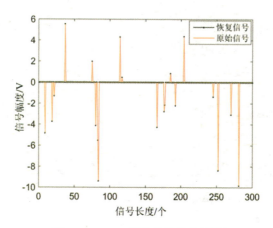

图 6-6 SAMP 算法单次恢复效果

### 6.5.6 广义正交匹配追踪

将正交匹配追踪方法推广得到文献[289]提出的广义匹配追踪（gOMP）算法，目的是估计出 $y = Ax + e$。在以下算法流程中，$r_t$ 表示剩余误差，$t$ 表示迭代次数，$\varnothing$ 表示空集，$\Lambda_t$ 表示 $t$ 次迭代的索引集（列序号集）。

具体算法流程描述如下。

初始化

估计值初始化：$\hat{x} = 0$；

剩余误差初始化：$r_0 = y$；

设置一个空集列表：$\Lambda_0 = \varnothing$；

设置一个矩阵空集：$A_0 = \varnothing$；

迭代数：$t = 1$；

重复以下计算：

计算 $u = \max(|Ar_{t-1}|)$，选择 $u$ 中的最大的 $S$ 个值，将这些索引集对应的列序号 $j$ 构成集合 $J_0$；

更新：$\Lambda_t = \Lambda_{t-1} \bigcup J_0$，$A_t = A_{t-1} \bigcup a_j$（其中所有的 $j \in J_0$）；

计算剩余误差：$r_t = y - A_t A_t^{\dagger} y$；

如果算法的终止条件满足，那么

输出估计值：$\hat{x} = A_t^{\dagger} y$。

## 第 6 章 压缩感知理论

测试代码如下：

```
function test_gOMP
%压缩感知重构算法测试
randn('state',1);rand('state',1);
clear all;close all;clc;
M = 100;%观测值个数
N = 300;%信号 x 的长度
κ = 20;%信号 x 的稀疏度
Index_κ = randperm(N);
x = zeros(N,1);
x(Index_κ(1:κ)) = 5*randn(κ,1);%x 为κ稀疏的，且位置是随机的
Psi = eye(N);%x 本身是稀疏的，定义稀疏矩阵为单位阵 x=Psi*theta
Phi = randn(M,N)/sqrt(M);%测量矩阵为高斯矩阵
A = Phi * Psi;%传感矩阵
y = Phi * x;%得到观测向量 y
%% 恢复重构信号 x
tic
theta = CS_gOMP( y,A,κ);
x_r = Psi * theta;% x=Psi * theta
toc
%% 绘图
figure;
plot(x_r,'k.-');%绘出 x 的恢复信号
hold on;
plot(x,'r');%绘出原信号 x
hold off;
set(gca,'FontSize',13);
xlabel('信号长度','FontName','宋体');
ylabel('信号幅度','FontName','宋体');
title('gOMP 算法','FontName','宋体');
% legend('Recovery','Original')
legend('恢复信号','原始信号','FontName','宋体');
fprintf('\n 恢复剩余误差: ');
norm(x_r-x)%恢复剩余误差
```

执行代码如下：

```
function [ theta ] = CS_gOMP( y,A,κ,S )
    if nargin < 4
```

```
            S = round(max(κ/4, 1));
        end
        [y_rows,y_columns] = size(y);
        if y_rows<y_columns
            y = y';
        end
        [M,N] = size(A);%传感矩阵A为M*N矩阵
        theta = zeros(N,1);%用来存储恢复的theta(列向量)
        Pos_theta = [];%用来迭代过程中存储A被选择的列序号
        r_n = y;%初始化剩余误差(residual)为y
        for ii=1:K%迭代K次,κ为稀疏度
            product = A'*r_n;%传感矩阵A各列与剩余误差的内积
            [val,pos]=sort(abs(product),'descend');%降序排列
            Sk = union(Pos_theta,pos(1:S));%选出最大的S个
            if length(Sk)==length(Pos_theta)
                if ii == 1
                    theta_ls = 0;
                end
                break;
            end
            if length(Sk)>M
                if ii == 1
                    theta_ls = 0;
                end
                break;
            end
            At = A(:,Sk);%将A的这几列组成矩阵At
            theta_ls = (At'*At)^(-1)*At'*y;%最小二乘解
            r_n = y - At*theta_ls;%更新剩余误差
            Pos_theta = Sk;
            if norm(r_n)<1e-6
                break;%quit the iteration
            end
        end
        theta(Pos_theta)=theta_ls;%恢复出的theta
    end
```

gOMP算法单次恢复效果如图6-7所示。

# 第6章 压缩感知理论

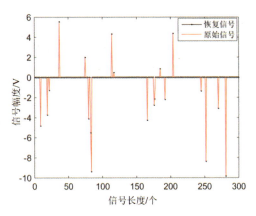

图 6-7 gOMP 算法单次恢复效果

## 本 章 小 结

本章介绍了压缩感知理论及其基本概念、稀疏信号恢复的方法及恢复信号的算法，详细描述了 6 种典型的贪心算法，并给出了 MATLAB 程序及单次恢复的效果图。下面总结这 6 种典型贪心算法的对比情况。

图 6-8 所示是 OMP 算法在不同测量次数及不同稀疏度下的恢复效果。从图 6-8 中可看出，当测量次数较少时，OMP 算法对稀疏度的容忍度也很小。图 6-8 中的曲线是根据 OMP 算法在高斯随机矩阵中作为测量矩阵的情况下，对独立重复 1000 次实验得到的结果求平均值绘制的。

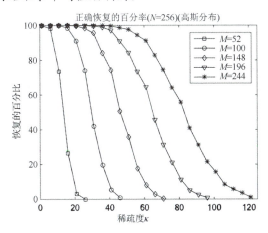

图 6-8 OMP 算法在不同测量次数及不同稀疏度下的恢复效果

图 6-9 所示是 SAMP 算法与其他 5 种贪心算法在测量矩阵行数为 128、列为 256 和不同稀疏度下的恢复效果。其中,测量矩阵的元素服从高斯分布。从图 6-9 中可以看出,当稀疏度增大时,ROMP 算法对稀疏度的容忍度很小,恢复概率急速下降。在 SAMP 算法中如果所选择的稀疏度步长不同,也会影响性能表现,但总体上优于上述算法。图 6-9 中的曲线是对独立重复 1000 次实验得到的结果求平均值后而绘制的。

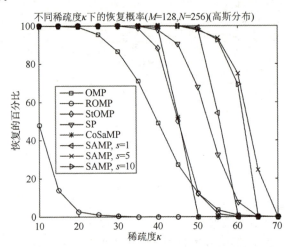

图 6-9 gOMP 算法在不同稀疏度下的恢复效果

图 6-10 所示是 gOMP 算法与其他 5 种贪心算法在当测量矩阵行数为 128、列

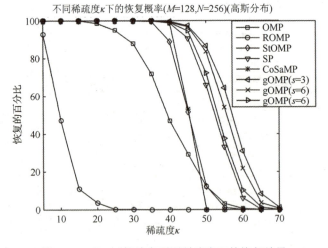

图 6-10 SAMP 算法在不同稀疏度下的恢复效果

为 256 和不同稀疏度下的恢复效果，其中，测量矩阵的元素服从高斯分布。从图 6-10 中可看出，当稀疏度增大时，ROMP 算法对稀疏度的容忍度很小，使恢复概率急速下降。在 gOMP 算法中，如果所选择的稀疏度初始值不同，就会影响性能表现，但总体效果优于其他 5 种算法。图 6-10 中的曲线是对独立重复 1000 次实验得到的结果求平均值后而绘制的。

# 第 7 章 压缩感知应用

## 7.1 压缩感知在稀疏水声信道估计中的应用

压缩感知（Compressed Sensing, CS）是在矩阵论、概率统计论、优化论等众多数学理论基础上发展起来的一种新的理论。根据压缩感知理论，可以极低的速率实现信号的采样和处理，在降低数据存储、传输成本的同时，减少了信号处理时间和计算成本[62,290]。自从 2006 年被提出[117]后，压缩感知理论在很多领域得到迅速发展。压缩感知研究主要围绕三个核心问题展开：信号的稀疏表示、信号的稀疏观测（也称为稀疏测量）和信号重建。

压缩感知信道估计算法[291,292]最早出现在正交频分复用（Orthogonal Frequency Division Mutiplexing，OFDM）通信系统中，此时，离散傅里叶变换矩阵已经在压缩感知测量矩阵中成熟应用，且满足严格的有限等距性质（RIP）。文献[293]指出，若以单载波通信系统的训练序列作为探针信号，由训练序列组成的随机矩阵将有效满足 RIP 条件。在 OFDM 通信系统中典型的信号重构算法有基于贪心算法的匹配追踪（Matching Pursuit, MP）算法[120]和正交匹配追踪（Orthogonal Matching Pursuit, OMP）算法[121]。这些算法通过逐次迭代找出与所需信号匹配最佳的列向量，再用这些列向量恢复稀疏信号。

无线电通信中的无线信道与水声信道较为相似，无线信道的上、下界面分别是电离层与地面，这与水声信道中的海面与海底界面类似。无线电波在短波信道中传播时，遇到上、下界面产生反射，形成了典型的多途信道[294]。水声信道的多途效应比无线信道严重得多，并且水声的多普勒效应是无线电波的数百倍，因此增大了声呐接收机的设计难度，这无疑让水声信道成为世界上最富挑战性的信道之一[294]。为解决水声信道的估计问题，文献[64]和文献[122]将 MP 算法和 OMP 算法引入水声信道估计中。MP 算法和 OMP 算法的区别如下：后者是在前者迭代的基础上将信号的正交分量投影到原子集合中，该投影步骤能使算法避免对原子集合的冗余选择。相比之下，贪心算法实际上不是全局最优的[122]。

文献[124]提出簇稀疏思想，并将 OMP 算法改进为 BOMP（Block OMP）算

## 第 7 章 压缩感知应用

法。BOMP 算法在无噪声环境下或高信噪比时，性能较 OMP 算法优越。文献[124]从理论上分析了簇稀疏信号恢复的问题：对于簇稀疏信号，测量矩阵列的非相关性要求较传统算法更加宽松，即对列的相关性的容忍上限进一步提高。不过，BOMP 算法在存在噪声的情况下恢复簇稀疏信号的鲁棒性将降低。关于无线信道估计的文献[296]提出了簇稀疏信道估计问题，并结合贝叶斯估计算法进行算法设计。表 7-1 和表 7-2 分别列出了传统的 OMP 算法的伪代码和 BOMP 算法的伪代码。

表 7-1  OMP 算法的伪代码

输入：A, y, κ
初始化：索引集合 Λ=∅ 和剩余误差 ε=y。
重复步骤 1 和 3 并进行 κ 次迭代。
1: $i = \arg \max_{j=1,2,\ldots,N} \| A^T[j]\varepsilon \|$
2: $\Lambda = \Lambda \cup i$; $\tilde{h} = A_\Lambda^\dagger \varepsilon$。
3: $\varepsilon = \varepsilon - A_\Lambda \tilde{h}$。
输出：恢复稀疏水声信道 $h_\Lambda$ 且 $h_\Lambda = \tilde{h}$ 和 $h_{\Lambda^c} = 0$

表 7-2  BOMP 算法的伪代码

输入：A, y, η
初始化：索引集合 Λ=∅ 和剩余误差 ξ=y。
重复步骤 1 和 3 并进行 η 次迭代。
1: $i = \arg \max_{j=1,2,\ldots,N} \| A^T[j]\xi \|$
2: $\Gamma = \Gamma \cup \{(i-1)d \cdots id\}$; $\tilde{h} = A_\Gamma^\dagger \xi$。
3: $\xi = \xi - A_\Gamma \tilde{h}$。
输出：恢复稀疏水声信道 $h_\Gamma$ 且 $h_\Gamma = \tilde{h}$ 和 $h_{\Gamma^c} = 0$

这些无线信道估计中出现的算法设计及应用，对水声信道的估计有着重要的影响。研究表明，水声信道在时域中表现出稀疏结构特性[77,78]。此外，在时延-多普勒域，即时间-时延域经过傅里叶变换后的频域，水声信道估计问题仍采用可压缩信号进行处理（将估计对象视作可压缩信号）[122,297,298]。在水声通信中，当水体折射及海底-海面反射导致本征声线周围分布着微弱信号路径时，水声信道冲激响应函数表现出簇稀疏的特点，大量的海试已验证了这一特征[111,123]。进一步研究发现[123]，结合压缩感知方法中簇稀疏信号的恢复方法,能够提升簇稀疏水声信道的估计性能[123,300,301]。

OMP 算法采用 MATLAB 语言,具体描述如下:

```
function  s=OMP(A,y,Iter)
if size(y,1)<size(y,2)
    y=conj(y');
end
Iter=round(Iter+1);
[~,n]=size(A);
s = zeros(n,1);
r = y;                  % residue error
L = [];                 % support index
B = [];                 % support set
i=0;
while (i<Iter);    i = i + 1;
    h = A'* r;
    [~,h_index] = sort(abs(h),'descend');
    index = h_index(1);
    L = [L, index];
    B = A(:,L);
    a = B\y;
    r = y - B*a;
end
s(L)=a;
```

## 7.2　水声信道的时延-多普勒双扩展模型探讨

在水声通信中,信道估计工作的主要挑战是信道的快速时变特性,这是因为该特性导致水声信道具有时延-多普勒双扩展现象[64]。水声信道的时延-多普勒双扩展现象给信道估计工作带来很大困难,然而,若能结合其稀疏特征,则有望通过改进估计方法,提高对水声信道时延多普勒函数的估计性能。

为获取精确-时延域的水声信道冲激响应,信道的逐块估计算法假设信道在块的长度内保持平稳,该假设符合水声信道变化不大的场合。然而,当水声信道出现时变,甚至出现明显的时延-多普勒双扩展现象时,水声信道的逐块估计算法适用性有限。本节先回顾传统水声信道模型,再引出时延-多普勒双扩展模型,

## 第 7 章 压缩感知应用

并阐述基于这一模型的水声信道估计的研究进展。

水声波动方程提供了水声传播数学模型的理论基础。基于水声波动方程的 5 个典型的解决方案，可获取水声信道的 5 种模型：射线理论模型[302]、简正波模型[303]、多途扩张模型[302]、快速场模型[304]和抛物线方程模型[302]。这 5 种基于波动方程的水声传播模型都有各自特定的用途，其详细情况可参考综述文献[305]。实际上，很难只用一种模型来刻画所有水声传播特征，大多数模型是针对特定的场景设计的，而水声信道的复杂多变性则导致这些模型不具备通用性。因此至今仍未出现被普遍接受的水声信道模型[86]。同时，目前，也很难根据水声信道的随机变化总结其信道响应的统计特性，这一点完全不同于无线信道。对于无线信道，有几个模型已经被公认为标准，如瑞利衰落（Rayleigh Fading）的概率分布和 Jakes 仿真模型描述的衰落过程。而对于水声通信，目前并没有一个标准的统计信道模型。实验结果表明，一些水声信道是难以被确定和表征的，而另一些则表现为 Rice 衰落或 Rayleigh 衰落或服从 K 分布[78]。通常这些水声信道的相干时间一般都在几百毫秒数量级，当然也有少数信道的相干时间低于 100ms。

研究发现，水声信道是一种可利用散射函数来表征其统计特性的随机时变信道[306]，而时延-多普勒双扩展函数则可将散射函数数字化表示。水声信道时延-多普勒如图 7-1 所示，其中，D 表示直达路径，B 表示由海底反射得到的路径，S

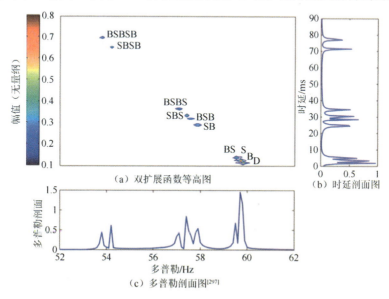

图 7-1　水声信道时延-多普勒图

表示海面反射路径，BS 表示先海底再海面反射的路径，SB 表示先海面再海底反射的路径，BSB 表示先后经过海底、海面、海底反射的路径。时延-多普勒双扩展函数可理解为信道冲激响应的傅里叶变换。在水声信道的时延-多普勒扩展函数的构建和研究中，T.H.Eggen[307]提出先对散射函数的每个时延-多普勒函数分量的位置进行估计，然后估计这些检测到的分量。然而这样的做法使其估计性能有限。

Li 和 Preisig[64]采用的 MP 算法和 OMP 算法可解决快速时变水声信道的估计问题，然而贪心算法不是全局最优的[81]。在此基础上，Sen Gupta 和 Preisig[125]采用基于双扩展模型下的混合几何范数约束对双扩展水声信道进行估计，但这种算法的性能对优化混合范数中的稀疏度参数较为敏感。投影梯度算法[81]也被用于估计双扩展水声信道，但该算法将极大增加了计算复杂度。例如，当观测矩阵为 $M \times N$ 维方阵时，若采用该算法，则观测矩阵将变为 $M \times N$ 的循环矩阵。Yu Hua 等人提出了基于时延-多普勒双扩展模型、用于 OFDM 通信系统的迭代信道估计方法[298]，并采用线性最小均方误差（LMMSE）均衡器进行验证。

基于时延-多普勒双扩展的水声信道模型，浙江大学的夏梦璐设计了被动时反结合正交频分复用的通信系统[115]，聂星阳将对信道估计和均衡问题的研究由单入单出（SISO）通信系统扩展到多入多出（MIMO）通信系统中[86]，余子斌设计了基于时延-多普勒双扩展水声信道模型下的空时 Turbo 通信系统[308]。文献[308]指出，由于文献[81]中考虑的扩展是确定性的，故其对双扩展的随机性成分无能为力，文献[115]提出在时反处理器后连接一个扩展卡尔曼滤波器，序贯抵消信道起伏的影响，由于时反信道主要路径数目减少，从而减轻了扩展卡尔曼滤波器的计算复杂度，同时也因为经过时反处理，所以处理后的信道变化不如原水声信道剧烈[309]。

考虑到双扩展水声信道模型能更加精细地描述水声信道的变化特征，降低该模型计算的复杂度，本书提出引入一个新的非均匀范数约束到最小均方误差的代价函数中，该水声双扩展信道估计算法简称 NNC 法[66,67]。该算法按信道多途能量的相对大小进行 $l_0$ 范数或 $l_1$ 范数分类，在不同稀疏度的情况下利用梯度下降法来最小化基于 NNC 约束的代价函数。本书以 OMP 算法[17,42,50,63]和 MP[18,41,68]算法作为比较对象，与 NNC 法进行对比，并将给出仿真和海试数据的验证结果。

## 7.3 水声双扩展信道估计研究概述及未来工作展望

时延-多普勒双扩展模型最早应用于空气中的无线信道中，例如，在该双扩展模型下对 OFDM 通信系统信道估计算法的研究。传统的 OFDM 通信系统的研究都是基于终端静止或低速移动场景的[310],而当面对终端高速移动、高吞吐量、高载波频率等一系列需求时,由多普勒效应带来的时间选择性衰落和多途效应带来的频率选择性衰落,无疑对高性能通信技术的发展带来了巨大阻碍。同样,在水声环境中,由于受海底、海面的影响及声传播速率的限制,水声信道的多途效应和多普勒效应更为严重,因此水声通信的信道环境相比于空气中的无线信道更为恶劣。为解决双选择性衰落对水声通信的影响,近年来科研人员加大了对时延-多普勒双扩展信道的研究力度。

2015年,S.H. Huang等人对时变双扩展水声信道中多普勒频移的跟踪进行了研究。相比于主流的时延-多普勒模糊函数法和匹配追踪算法或正交匹配追踪算法,S.H. Huang等人在文献[311]中提出的基于降秩模型估计的自适应子空间跟踪(Adative Subspace-Tracking With Reduced Rank Model-Based Estimation, ASRMAE)方法并未直接对多普勒频移进行估计,而是对由多普勒效应引起的相位变化进行了跟踪,并以快速率的逐符号估计代替了逐块估计,利用基于信号子空间的卡尔曼滤波器来追踪信道矢量的变化。

2016年,Ye Qin等人提出了一种适用于单载波相干通信下低复杂度估计和跟踪双扩展水声信道方法[312]。该方法分两阶段估计:在第一阶段采用自适应优化网格和贪心算法相结合的方法,对信道时延进行估计;第二阶段在前一阶段时延估计的基础上,采用优化网格方法对路径的多普勒因子进行估计,并使用最小二乘法逐一估计路径的增益。同时,Ye Qin等人还在文献[312]中提出了一种利用前一帧估计结果以降低计算复杂度的信道跟踪算法。仿真结果表明,Ye Qin等人提出的方法比现有的OMP两阶段算法,在实现相当性能条件下的计算复杂度低得多;Arunkumar K.P.等人提出了一种针对循环前缀OFDM(DP-OFDM)通信系统、基于局部区间解调的联合稀疏信道估计和数据检测算法[313],该算法主要用于对抗在水声信道多普勒失真情况下OFDM通信系统中载波间的干扰。相比于传统的利用全长度解调器输出对稀疏信道进行估计,文献[313]所提算法在多普勒失真情况下可降低误码率,提高系统数据检测的性能。

2017年,Xu Ma等人提出了一种基于结构化压缩感知(Structured Compressive Sensing, SCS)、适用于时频训练OFDM(TFT-OFDM)通信系统的双扩展信道估计方案[314]。该方案使用的基于SCS框架下的ASA-BOMP算法在保证信道估计精度的前提下,可有效地减少系统所需的导频计算复杂度,降低了计算复杂度。Xu Ma等人将该方案推广到多入多出(MIMO)系统中[315],建立了基于采样域、抽头域和天线域的三维信道双扩展模型,并根据天线间的空间相关性和特定导频图案构建SCS框架,实现MIMO-OFDM通信系统下的信道估计。Xuesi Wang等人基于水声信道的基扩展模型（Basis Expansion Model, BEM），将零填充 OFDM（ZP-OFDM）通信系统下的信道估计问题，等效地转换为对稀疏基扩展模型基系数的恢复问题[316]，同时提出了修正块稀疏贝叶斯学习（Block Sparse Bayesian Learning, BSBL）算法对基扩展模型基系数进行估计；该方案与传统的 CS 贪心算法相比，能够获得更好地归一化均方误差（MSE）以获得更低的系统误比特率（BER）。Caijie Qian 等人将一种正交多载波滤波器组调制技术——滤波多音调制（FMT）技术应用于水声双扩展信道中，并采用基于压缩感知的正交匹配追踪算法（OMP）对水声稀疏信道进行估计[317]。

## 7.4 压缩感知在水声数据遥测中的应用

水下无线传感网络涉及诸多领域，如水下数据监测、污染控制、气象预报等[318-320]。水下单载波水声数据的遥测是水下无线传感网络的一个分支和具体应用，如水下自主航行器的控制、舰船噪声监测及水声通信等。由于观测和记录的数据时间长、容量大，加上无线通信带宽有限、与卫星通信成本高、无线传感器所携带的能量有限等问题，使得在设计水下单载波水声数据的遥测系统时，不得不考虑数据压缩问题。而数据压缩越大，恢复精度必将受到影响，如何提高算法的恢复精度，是本书要研究的重点内容。

传统的数据压缩方法诸如小波压缩[321]，能耗大且恢复精度有限。与小波压缩方法不同，压缩感知（Compressed Sensing, CS）算法采用稀疏二进制传感矩阵[322]，以降低能耗与成本。但 CS 算法仅适用于可以稀疏表示的信号[323,324]，因此，对于处理时域非稀疏的水声信号，则需考虑将水声信号进行稀疏化表示。结合单载波水声信号的频域稀疏特征，本书考虑在离散余弦变换（Discrete-Cosine-Transform, DCT）域对压缩的信号进行估计，并最终恢复所观测的单载波信号。

基于 DCT 框架下，压缩感知的核心目标是直接求最小 $l_0$ 范数。然而，最小 $l_0$ 范数不可直接获取[323,324]，通常采用最小 $l_1$ 范数进行代替，典型的算法包括基于最小 $l_1$ 范数的拉格朗日算法[325]和硬阈值（Iterative Hard Thresholding, IHT）迭代算法[326]。前者获得的稀疏解精度有限，而后者不能保证所求解为稀疏解[327]。改进算法的思路是加入稀疏度的限制使其稀疏化，但这些方法不足以改善稀疏解的估计精度。

本书将非均匀范数约束（Non-Uniform Norm Constraint, NNC）引入优化目标中，以取代直接对 $l_1$ 范数进行最小化方法。事实上，NNC 首次应用在有限长单位冲激响应滤波器[328]中，随后范数自适应算法[329]和自适应零吸引因子算法在设计中也得以应用[330]，进一步的应用是，NNC 结合压缩感知框架构建了稀疏恢复算法[331]。然而，以上算法主要是在实数域中进行讨论和设计的。本书将 NNC 与拉格朗日乘子法相结合，推导出 DCT 域的稀疏恢复算法。模型建立后，余下的目标就是设计优化算法求稀疏解，优化最小 $l_0$ 范数是一个 NP 难题，因此该问题可转化为

$$\min \|\boldsymbol{\theta}\|_1 \quad \text{s.t.} \quad \boldsymbol{y} = \boldsymbol{A\theta} \tag{7-1}$$

求解式（7-1）的一个常用方法是 IHT 算法[327]，其核心为

$$\boldsymbol{\theta}_{l+1} = H_s\left[\boldsymbol{\theta}_l + \mu \boldsymbol{A}^{\mathrm{H}}(\boldsymbol{y} - \boldsymbol{A\theta}_l)\right] \tag{7-2}$$

式中，阈值函数 $H_s(p_i)$ 定义为

$$H_s(p_i) = \begin{cases} 0, & |p_i| < \lambda_s(\boldsymbol{p}) \\ \theta_i & |p_i| \geqslant \lambda_s(\boldsymbol{p}) \end{cases} \tag{7-3}$$

式中，$\lambda_s(\boldsymbol{p})$ 为所设置的向量 $\boldsymbol{\theta}_l + \mu \boldsymbol{A}^{\mathrm{H}}(\boldsymbol{y} - \boldsymbol{A\theta}_l)$ 中绝对值第 $s$ 个大的元素绝对值作为阈值，即将接近 0 的元素值设置为零。该方法因不需要求解逆矩阵，故算法结构简单、运行速度快，但精度有限，并且算法性能依赖于参数阈值 $\lambda_s(\boldsymbol{p})$ 和步长 $\mu$ 的选取。此外，还需要保证 $\boldsymbol{A}$ 是正则化的。换一种思路，尝试采用拉格朗日乘子法求解如下问题：

$$F(\boldsymbol{\theta}, \boldsymbol{\lambda}) = \|\boldsymbol{\theta}\|_1 + \boldsymbol{\lambda}^{\mathrm{T}}(\boldsymbol{y} - \boldsymbol{A\theta}) \tag{7-4}$$

对式（7-4）等号两边分别求偏导并置零：

$$\begin{cases} \dfrac{\partial F}{\partial \boldsymbol{\theta}} = \dfrac{\partial \|\boldsymbol{\theta}\|_1}{\partial \boldsymbol{\theta}} - \boldsymbol{A}^{\mathrm{T}} \boldsymbol{\lambda} = \boldsymbol{0} \\ \dfrac{\partial F}{\partial \boldsymbol{\lambda}} = \boldsymbol{y} - \boldsymbol{A\theta} = \boldsymbol{0} \end{cases} \tag{7-5}$$

记

$$\frac{\partial \|\boldsymbol{\theta}\|_1}{\partial \boldsymbol{\theta}} = \operatorname{sign}(\boldsymbol{\theta}) = \boldsymbol{G}^{-1}\boldsymbol{\theta} \tag{7-6}$$

式中

$$\boldsymbol{G} = \operatorname{diag}(|\theta_1|, \cdots, |\theta_N|) + \delta \boldsymbol{I} \tag{7-7}$$

式中，diag 表示将向量进行对角化；$\delta$ 为一个极其微小的正数，该参数的作用是避免算法进入病态运算；$\boldsymbol{I}$ 为单位对角矩阵。交替代换，最终可得到解析解，即

$$\boldsymbol{\theta} = \boldsymbol{G}\boldsymbol{A}^{\mathrm{T}}(\boldsymbol{A}\boldsymbol{G}\boldsymbol{A}^{\mathrm{T}})^{-1}\boldsymbol{y} \tag{7-8}$$

无论是 IHT 算法还是基于 $l_1$ 范数的拉格朗日算法，其核心都是围绕最小化 $l_1$ 范数展开，因此获得的精度有限。本书尝试采用 NNC 范数约束，构建目标函数，

即

$$F(\boldsymbol{\theta},\lambda) = \|\boldsymbol{\theta}\|_{\mathrm{NNC}} + \lambda^{\mathrm{T}}(\boldsymbol{y} - \boldsymbol{A}\boldsymbol{\theta}) \quad (7\text{-}9)$$

其中，NNC 范数 $\|\boldsymbol{\theta}\|_{\mathrm{NNC}}$ 的定义详见参考文献[328,331]。对式（7-10）等号两边分别求偏导并置零：

$$\begin{cases} \dfrac{\partial F}{\partial \boldsymbol{\theta}} = \dfrac{\partial \|\boldsymbol{\theta}\|_{\mathrm{NNC}}}{\partial \boldsymbol{\theta}} - \boldsymbol{A}^{\mathrm{T}}\lambda = 0 \\ \dfrac{\partial F}{\partial \lambda} = \boldsymbol{y} - \boldsymbol{A}\boldsymbol{\theta} = 0 \end{cases} \quad (7\text{-}10)$$

记

$$\frac{\partial \|\boldsymbol{\theta}\|_{\mathrm{NNC}}}{\partial \boldsymbol{\theta}} = \boldsymbol{F}\mathrm{sign}(\boldsymbol{\theta}) = \boldsymbol{F}\boldsymbol{G}^{-1}\boldsymbol{\theta} \quad (7\text{-}11)$$

式中，$\boldsymbol{G}$ 如式（7-7）所示，而 $\boldsymbol{F}$ 为

$$\boldsymbol{F} = \mathrm{diag}\left(\frac{\mathrm{sgn}[\sigma - |\theta_1|] + 1}{2}, \cdots, \frac{\mathrm{sgn}[\sigma - |\theta_N|] + 1}{2}\right) + \delta \boldsymbol{I} \quad (7\text{-}12)$$

式中，$\sigma$ 为 NNC 算法的阈值。通过交替代换，可得，

$$\boldsymbol{F}\boldsymbol{G}^{-1}\boldsymbol{\theta} = \boldsymbol{A}^{\mathrm{T}}\lambda \quad (7\text{-}13)$$

从而有

$$\boldsymbol{\theta} = \boldsymbol{G}\boldsymbol{F}^{-1}\boldsymbol{A}^{\mathrm{T}}\lambda \quad (7\text{-}14)$$

$$\boldsymbol{y} = \boldsymbol{A}\boldsymbol{\theta} = \boldsymbol{A}\boldsymbol{G}\boldsymbol{F}^{-1}\boldsymbol{A}^{\mathrm{T}}\lambda \quad (7\text{-}15)$$

$$\lambda = (\boldsymbol{A}\boldsymbol{G}\boldsymbol{F}^{-1}\boldsymbol{A}^{\mathrm{T}})^{-1}\boldsymbol{y} \quad (7\text{-}16)$$

最终可得到解析解，即

$$\boldsymbol{\theta} = \boldsymbol{G}\boldsymbol{F}^{-1}\boldsymbol{A}^{\mathrm{T}}(\boldsymbol{A}\boldsymbol{G}\boldsymbol{F}^{-1}\boldsymbol{A}^{\mathrm{T}})^{-1}\boldsymbol{y} \quad (7\text{-}17)$$

从式（7-17）可以看出，该算法表达式具有固定点算法的特征，因此具有和固定点算法相同的收敛性能。

该情况下 $l_1$ 范数约束得出的算法用 MATLAB 语言表示如下：

```
function x=BP_L1(A, y, iterations)
delta=1e-4;
x=pinv(A)*y;
for i=1:iterations
    G=delta+diag(abs(x));
    x=G*A'/(A*G*A')*y;
end
```

为了评估算法的性能，采用恢复信噪比（Recovery Signal-to-Noise Ratio,

# 第 7 章 压缩感知应用

RSNR）对各算法的恢复精度进行评估。$\text{RSNR} = 20\log\dfrac{\|\boldsymbol{\theta}\|}{\|\tilde{\boldsymbol{\theta}} - \boldsymbol{\theta}\|}$，其中，$\tilde{\boldsymbol{\theta}}$ 是 $\boldsymbol{\theta}$ 的重构矩阵。因优化算法的本质是恢复稀疏信号，故在仿真实验中，设置 $M=40$，$N=100$，矩阵 $\boldsymbol{A}$ 元素服从高斯分布，然后进行正则化处理。稀疏度设置为 $\kappa=10$，稀疏信号中的非零信道抽头随机分布，测量信号 $\boldsymbol{y}$ 的信噪比设置为 $\text{SNR} = 20\log\dfrac{\|\boldsymbol{A\theta}\|}{\|\boldsymbol{v}\|}$。本次仿真实验中 SNR 设置为 30dB，采用 $l_1$ 范数、IHT、NNC 3 种算法对稀疏信号进行估计，得到的结果与原始稀疏信号对比情况如图 7-2 所示；采用 $l_1$ 范数、IHT、NNC 3 种算法的恢复结果计算得到的 RSNR 分别为 25.46dB、20.72dB 和 28.84dB。在仿真实验中，IHT 算法参数设置如下：$\mu=0.95$，$\kappa=10$，$l_1$ 范数和 NNC 算法的参数 $\delta=10^{-6}$，迭代次数设置为 40 次；NNC 算法中 $\sigma=0.1\|\boldsymbol{A}^{\dagger}\boldsymbol{y}\|$，

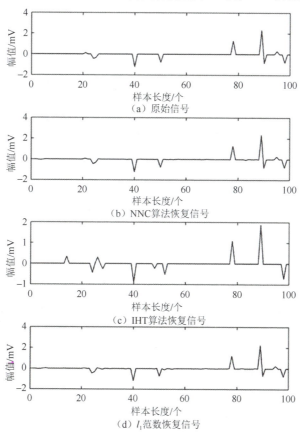

图 7-2 原始稀疏信号与 NNC、IHT、$l_1$ 范数三种算法恢复结果对比

其中 $A^+$ 为 $A$ 的伪逆范数。以上参数都是以 RSNR 最大化设置的。通过对比可以看出，IHT 算法虽然结构简单、复杂度不高，但是精度最低；$l_1$ 范数虽比 IHT 算法精度有所提升，但 NNC 算法的精度最高，这是因为采用了 NNC 范数约束而不是仅采用 $l_1$ 范数进行约束构建代价函数。此外，IHT 算法需要求 $A$ 矩阵正则化才适用，这一要求限制了应用。而 $l_1$ 范数和 NNC 算法没有此项限制。

本次实验的数据取自 2017 年的东海实验。在该实验中，声源放在水下 30mm，水听器深度为 20m，收发距离约 10km，水深约 100m。所选择的一段 16s 的单载频接收信号如图 7-3 所示，中心频率 $f_s$=1kHz，采样率 $f_s$=30kHz。实验中选取的单载波信号具有典型意义，该类型信号常用来模拟舰船噪声。从图 7-3（a）中可以看出，单载波信号淹没在噪声中，时域信号无任何稀疏特征，必须先将信号转为 DCT 域。

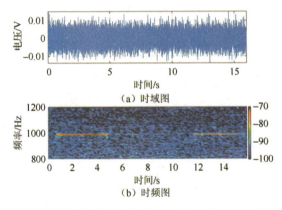

图 7-3　海试数据单载波信号时域图与时频图

在实验中，首先把数据划分为若干相同长度的块，每块长度为 $N$=100，再对这些数据进行压缩，压缩至 $M$=40。然后，根据给定的 $A=\Phi\Psi$ 和压缩信号 $y$，采用不同优化算法进行稀疏信号估计。最后，由这些估计结果和 $\Psi$ 得到恢复信号。为了展现不同算法对信号的恢复性能细节，取 2000 个采样点进行对比，如图 7-4 所示。其中 NNC 算法、IHT 算法、$l_1$ 范数对应的平均 RSNR 值分别为 24.51dB、14.25dB、22.08dB。

可以看出，NNC 算法比 IHT 算法和 $l_1$ 范数所获得的精度更高，这是因为 NNC 范数约束比 $l_1$ 范数约束更具适配性，能更好地逼近 $l_0$ 范数的性能。

# 第7章 压缩感知应用

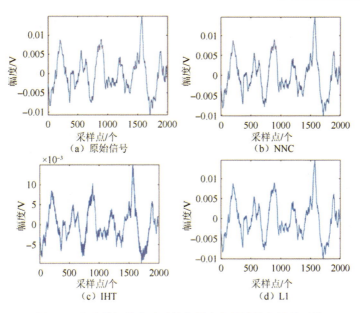

图 7-4　海试数据单载波原始信号和各算法恢复结果对比

## 7.5　压缩感知在变电站噪声源定位中的应用

近几年来，随着我国电网建设的快速发展，变电站越来越多地进入城市中心，郊区城镇化也使越来越多的变电站被居民住宅所包围，噪声污染问题日益突出。与此同时，社会各界对环保提出的要求越来越高，变电站噪声治理问题已经成为电力行业环保的新热点。

变电站不仅设备繁多，而且变压器主变设备、电抗器和冷却风扇多种设备组合在一起工作。在正常运作的情况下，各个设备都会产生不同成分的噪声，甚至同一设备的不同位置也会产生不同成分的噪声。因此，如何在整个设备正常运作的情况下，精准确定噪声的位置及噪声的大小，对于变电站噪声源分布情况的研究、变电站噪声污染治理、变电站设备优化改进都具有重大的意义。

变电站噪声来自多个方面。首先，是变压器和电抗器。变压器和电抗器的本体噪声主要是由硅钢片的磁致伸缩和器体上的电磁力引起的。铁芯中的硅钢片受磁场激励时，沿着磁力线方向的硅钢片尺寸会增大，而垂直于磁力线方向的硅钢片尺寸会缩小。磁致伸缩使得铁芯随着励磁的变化而做周期性的振动。这种噪声的频率低、衰减慢、传播远。其次，变压器制冷机正常工作时，泵与风机也会产生低沉的噪声。此处的噪声主要也是在低频段。最后，高压进出线处会产生电晕噪声。电晕噪声主要表现在 50Hz 的整倍数离线频率上。除此之外，变电站其他设备也产生了不容忽视的噪声。

### 7.5.1 变电站噪声源定位算法简介

#### 1. 变电站噪声的频谱分析

变电站噪声是宽带噪声，其频率为 20Hz～20kHz。噪声频率由连续频谱和离散频谱两种成分组成。离散频谱是在以工频 50Hz 为基频的整数倍频率上，连续频谱中的低频部分是风噪声和变压器设备的机械振动所产生的，高频部分主要是变电站周围环境噪声。图 7-5 为变电站噪声实测数据。

如图 7-5（a）所示，噪声线谱主要分布在低频段，其中 2kHz 以内具有很强的线谱。在高频段，噪声的能量主要为连续频谱，而且能量较低。由图 7-5（b）可知，该图采用 1/3 倍频程频谱分析，2kHz 以下的噪声能量主要分布中心频率为 100Hz、200Hz 和 315Hz 的频段内。1200Hz 以下的噪声也有较强的能量，能量高于 50dB。

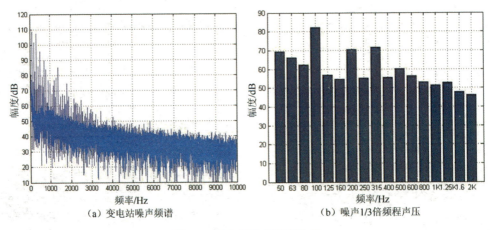

(a) 变电站噪声频谱　　　　　(b) 噪声1/3倍频程声压

图 7-5　变电站噪声实测数据

#### 2. 噪声源定位方法介绍

噪声源定位方法总的来说可分为两大类：一类是传统的噪声源识别方法，另一类是阵列信号处理方法，即波束形成法和近场声全息法。这些方法各有优缺点，以下进行简单介绍。

# 第7章 压缩感知应用

1) 传统的噪声源识别方法

噪声源识别方法的研究和应用具有很大的现实意义。多年来，国内外许多专家和学者进行了积极的探索，在噪声源识别领域提出不少理论并做了相应的应用开发工作，也提出了一些有价值的方法。传统的噪声源定位方法主要有主观评价法、部分运转法、近场测量法、隔声法、声强测量法、频谱分析法、表面振速法。这些方法各有优缺点，在应用时可根据不同情况进行选择。

（1）主观评价法。该方法是通过人的听觉系统来区分不同的声音的。根据经验主观判断声源的位置和频率。该方法带有很强的主观性，无法做到精确测量。

（2）部分运转法。让整套机器的部分器件运转，测量机器噪声的大小，然后对各个测试点的结果进行分析比较，根据比较结果确定主要噪声源。但是，这种方法只能适用于机器各个部件独立运行的情况，对于只能整套设备运行的情况就无能为力。

（3）近场测量法。传声器距离声源表面很近，分别靠近各个噪声源进行声压级测量。这种方法适用于各个噪声源距离比较远且对于中、高频噪声的测量效果较好的情况。该方法分析结果对于强噪声的识别效果较好。但是，当多个声源相距较近、频率较低时，这种方法的识别效果就不好，不能有效识别次强声源，这就是该方法的缺点。

（4）隔声法。在整套机器正常运转的情况下，有选择性地对发声系统进行隔离，然后测量其余部分对噪声的贡献幅度。这种方法不要求机器各个部件单独运转，但是仍然无法将隔离部分对测量噪声的影响减小为零。因此，隔声法测量的噪声也无法做到精确测量。

（5）声强测量法。声强测量法是利用声强探头的方向性特点进行测量的。声强探头可区分声波的入射方向，从而确定噪声的位置。这种方法对测量环境没有严格的要求，对单一声源的测量效果较好，但是对于复杂的复合声源，测量效果欠佳。

（6）频谱分析法。机器设备各个部位的噪声形成机理并不相同，每个声源特点有较大的差别。在了解各组成声源频谱特点的情况下，测量总体噪声的频谱可分析出各部分噪声的贡献幅度，从而可找到主要声源。频谱分析法往往和部分运转法或隔声法结合使用，这种方法实验周期长、实验过程复杂、数据处理工作量大，当遇到同一频率多个声源共同作用的时候，使用这种方法就难以进行频率估计了。

（7）表面振速法。该方法通过测量振动源表面的振动速度来反映振幅的强弱，从而得到声源的位置。这种方法是通过振动的强弱来比较和判断的，无法直接判断出声源的位置，需要做进一步的分析和判断。因此，该方法精度也不高，适用于粗略判断。

通过以上简单的分析比较，可看出以上7种方法都有不可克服的缺点，难以达到对变电站噪声识别的要求，需要使用更为精确的方法。

2）阵列信号处理方法

阵列信号处理方法在飞机噪声源分布、列车噪声源分布、大型设备噪声测量和故障诊断中得到了广泛的应用。采用阵列信号处理方法进行噪声识别（简称阵列噪声识别）的基本工作原理如下：将一组传声器按照一定方式组成传声器阵列，把它分布在待测量的声场空间，传声器阵列接收声场信号，经过相关处理后可提取信号源及信号等相关的信息。阵列噪声识别技术方法主要包括两类：一类称为声全息方法，另一类称为波束形成方法。声全息方法和波束形成方法是互补的两种方法。以下简单介绍这两种方法。

（1）声全息方法。声全息方法是一种利用声波的衍射和折射原理，从测量声场的某个面反推出声源信息的方法。根据研究方向，可分为声成像和声场分析；根据声全息面的形状，可分为平面声全息、柱面声全息和球面声全息；根据重建原理，声全息又可分为远场声全息和近场声全息，远场和近场是根据信号接收平面与重建平面的距离$d$和波长$\lambda$的比值来定义的。由于近场声全息接收的波形之间包含振动物体的细节信息——隐失波成分，故这种方法理论上可获得较高的分辨率。因此，近场声全息相关理论和应用得到了深入的研究。相比之下，关于远场声全息的研究相对较少。由于观测点离声源的距离很远，声源表面和观察点声压的关系可大大简化，声全自方法具有计算简单的特点。

（2）波束形成方法。采用一组在空间固定位置上分布的传声器，组成阵列对声场进行测量。对每个固定位置上的传声器所测量的声压进行特殊处理，就可得到详细声的源信息。阵列信号处理广泛应用于雷达、声呐、天线阵列、医学成像、地质勘探、射电天文等领域。随着科学技术的进步，信息处理技术也不断发展，阵列信号波束形成技术也得到长足发展，获得了更为广泛的应用。

在传声器阵列信号处理技术中，"延迟求和"波束形成方法是一种常用方法，其基本思想如下：一个传播的信号被传声器阵列所接收，阵列中所有传声器信号之间的关联峰值就是每个传声器信号用对应的声传播时延后的叠加值，这种叠加值实际上就是让所有传声器在时延上接收到指定声源的同一个瞬时波前。对于噪声或其他方向的信号，采用"延迟求和"波束形成方法得到的阵列输出信号聚焦到指定声源，加强指定方向的来波信号。

从国内外的相关研究可以看出，阵列信号处理方法已经发展成为噪声源定位

# 第7章 压缩感知应用

识别的有效方法之一。测试手段由传统的单个传声器发展成为多个传声器组成的阵列测试系统,并向着实时测试处理、声场形象化可视化的方向发展。

## 7.5.2 基于压缩感知的合成孔径技术

合成孔径技术是一种成功用于雷达和声呐的信号处理技术,它可利用信号的相关性,合成一个更大尺寸的虚拟阵列,利用相关算法得到更高的空间分辨率[333]。

输电线噪声和变电站噪声是连续、稳定存在的噪声,因此,合成孔径技术可用于变电站噪声源的定位。

### 1. 合成孔径的基本原理

声源和阵列的运动可提供更多可利用的信息,即时间-空间关系。这是由于波束 $\boldsymbol{k}=[k_x,k_y,k_z]^{\mathrm{T}}$ 而 $|\boldsymbol{k}|=\omega/c$,因此,反映空间的波束 $\boldsymbol{k}$ 和反映时间变化的频率 $\omega$ 有关。利用时间-空间关系,可把所得到的较多时间信息转换为因物理尺寸受限制而难以获得的空间信息,这就是合成孔径的基本原理。

合成孔径的原理示意如图 7-6 所示,图中,阵元数为 $M$ 的矩形阵列在 $t=0-T_0$ 时间段,对声场进行采样 $T_0$ s。当 $t=T_0-2T_0$ 时,该矩形阵列移动到位置 2 进行采样 $T_0$ s,有 $q$ 个扩展阵元和 $M-q$ 个重合阵元,经过 $J$ 次空间移动,形成 $M+qJ$ 元阵列。新阵列可视为一个虚拟阵列,可利用扩展之后的阵列进行噪声的定位和检测。

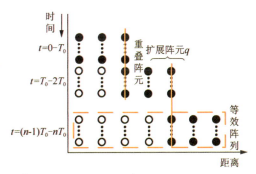

图 7-6 合成孔径的原理示意

合成孔径的核心思想总结如下:利用信号的相关性,把扩展阵元视为物理阵元在时间上的延迟,通过相位补偿、空间位置的补偿,合成一个虚拟的大尺寸阵列。

### 2. 平面阵列合成孔径

平面阵列被广泛用于空气声学，其主要特点如下：阵元位置通常非均匀分布，经典的合成孔径不能用于平面阵列合成孔径。在故障检测与诊断、噪声源特性分析等领域，对低频声源进行定位很有必要。在阵列孔径较大的情况下，使用传统波束形成器（Conventional Beamforming，CBF）可得到稳健的声源定位结果。然而，在阵列孔径较小的情况下，使用CBF定位低频声源将导致较大的主瓣宽带，使定位精度大大降低。许多高空间分辨率的方法如Capon算法、多信号分类算法（Multiple Signal Classification，MUSIC）算法等只能在合适的条件下使用，在低信噪比、强相干环境、采样快拍数较小时，这些算法的定位性能将会大大下降。为了获得较高的空间分辨率，可采用PSA将单阵进行扩展，以构造一个较大的虚拟阵列孔径。经典的 PSA 如扩展拖曳阵列测量（Extended-Towed Array Measurement，ETAM）方法可通过阵元重叠互相关，实现阵列孔径的扩展，但只适用于均匀线阵列，无法对非均匀阵列如非均匀平面阵列进行扩展，并且无法对阵列移动速度进行严格控制。本节研究一种利用固定传感器对非均匀平面阵列进行相位校正的方法合成孔径，并利用压缩感知对虚拟阵列数据进行重构，以得到空间分辨率较高的声源位置估计结果。

假设 $M$ 元传声器阵列第 $i$ 个阵元的坐标为 $\boldsymbol{r}_i = (x_i, y_i, z_i)$，在近场范围假设其阵列流形矩阵 $\boldsymbol{A}$ 为

$$\boldsymbol{A} = [\boldsymbol{a}(\theta_1, \phi_1), \boldsymbol{a}(\theta_1, \phi_2), \cdots, \boldsymbol{a}(\theta_u, \phi_w)] \tag{7-18}$$

式中，

$$\boldsymbol{a}(\theta_u, \phi_w) = \begin{bmatrix} e^{-j2\pi(x_1 \sin\theta_u \cos\phi_w + y_1 \sin\theta_u \sin\phi_w + z_1 \cos\theta_u)/\lambda} \\ e^{-j2\pi(x_2 \sin\theta_u \cos\phi_w + y_2 \sin\theta_u \sin\phi_w + z_2 \cos\theta_u)/\lambda} \\ \vdots \\ e^{-j2\pi(x_M \sin\theta_u \cos\phi_w + y_M \sin\theta_u \sin\phi_w + z_M \cos\theta_u)/\lambda} \end{bmatrix} \tag{7-19}$$

式中，$\lambda$ 为入射信号的波长，$\boldsymbol{a}(\theta_u, \phi_w)$ 为假设入射方向为 $(\theta_u, \phi_w)$ 时的导向向量，$\theta_u$ 和 $\phi_w$ 分别代表俯仰角和方位角。在某一特定时间，接收信号可表示为

$$\boldsymbol{s} = \boldsymbol{A}\boldsymbol{\alpha} + \boldsymbol{n}, \tag{7-20}$$

式中，$\boldsymbol{\alpha}$ 为声源信号，$\boldsymbol{n}$ 为噪声。阵列位于声源的近场范围内时，需要将阵列流形向量用近场阵列流形向量代替。当声源到阵列所在平面的距离 $R$ 已知时，$\boldsymbol{\alpha}$ 可表示为

## 第 7 章 压缩感知应用

$$a(X_p, Y_q) = \left[\frac{e^{-j2\pi d_1(X_p,Y_q)/\lambda}}{d_1(X_p,Y_q)}, \frac{e^{-j2\pi d_2(X_p,Y_q)/\lambda}}{d_2(X_p,Y_q)}, \cdots, \frac{e^{-j2\pi d_M(X_p,Y_q)/\lambda}}{d_M(X_p,Y_q)}\right]^T, \quad (7\text{-}21)$$

式中，$d_i(X_p, Y_q) = \sqrt{(x_i - X_p)^2 + (y_i - Y_q)^2 + R^2}$，$(X_p, Y_q)$ 为扫描平面中第 $q$ 个水平方向和第 $p$ 个垂直方向的交点。

空气中阵列的移动位置相对可控，因此，可把阵列移动到不同的预定位置，并设置一个参考接收器对不同位置的相位进行校正。

如图 7-7 所示，在平面阵列对声源进行测量。$R_e$ 处设置一个固定的参考传声器，与声源的距离为 $r_e$。进行孔径扩展前，阵列在 $R_a$ 位置，与声源的距离为 $r_a$，初次测量完成后将阵列移动到位置 $R_b$，进行第二次测量，此时阵列与声源的距离为 $r_b$。假设声源的频率和幅度分别为 $f$ 和 $S$，$t_a$ 时刻 $R_a$ 位置上各传声器阵元与声源的距离向量为 $r_a$。阵列接收的信号可表示为

$$s_{r_a} = S\exp[j2\pi ft_a + j\varphi_a]\exp(-j2\pi f r_a/c), \quad (7\text{-}22)$$

式中，$\varphi_a$ 为 $t_a$ 时刻的初始相位，$c$ 为空气中的声速。

此时参考接收器接收到的信号可表示为

$$s_{r_e,a} = S\exp[j2\pi ft_a + j\varphi_a]\exp(-j2\pi f r_e/c). \quad (7\text{-}23)$$

在 $t_b$ 时刻，当阵列移动到下一个位置 $R_b$ 时，各传声器阵元与声源的距离向量为 $r_b$。此时，阵列接收到的信号为

$$s_{r_b} = S\exp[j2\pi ft_b + j\varphi_b]\exp(-j2\pi f r_b/c), \quad (7\text{-}24)$$

参考接收器接收到的信号为

$$s_{r_e,b} = S\exp[j2\pi ft_b + j\varphi_b]\exp(-j2\pi f r_e/c), \quad (7\text{-}25)$$

式中，$\varphi_b$ 代表 $t_b$ 时刻的初始相位。

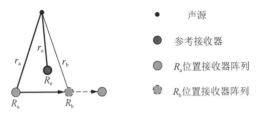

图 7-7　平面阵列合成孔径示意

通过除以各自时刻的参考信号，可消除不同的初始相位信息，位于不同位置的阵列采集的信号可被校正，得到同步后的信号，即

$$s_a = s_{r_a} s_{r_e,a}^* = S^2 \exp[-j2\pi f r_a/c]\exp(j2\pi f r_e/c), \quad (7\text{-}26)$$

$$s_b = s_{r_b} s_{r_e,b}{}^* = S^2 \exp[-j2\pi f\, r_b/c] \exp(j2\pi f\, r_e/c). \tag{7-27}$$

此时，阵列的孔径被虚拟地扩大。

### 3. 基于压缩感知的合成孔径[334]

假设在定位问题中，声源的个数为 $\kappa$，来波方向扫描个数（长度）为 $N$，通常情况下 $\kappa < M < N$，即声源是稀疏的。若长度为 $N$ 的信号是 $\kappa$ 稀疏的，信号可以很高的概率从 $O(\kappa \log N)$ 个测量中精确重构。为了得到更好的定位效果，这里使用 BPDN 算法来处理平面阵列合成孔径数据。基追踪去噪（Basis Pursuit DeNoising，BPDN）模型可用以下公式表示：

$$\hat{\alpha} = \arg\min\|\alpha\|_1, \text{ s.t. } \|\boldsymbol{\Phi}\boldsymbol{\Psi}\alpha - b\|_2 \leqslant \varepsilon, \tag{7-28}$$

式中，$\boldsymbol{\Phi}$ 为随机测量矩阵，$\boldsymbol{\Psi}$ 为与阵列流形矩阵对应的字典矩阵（$\boldsymbol{\Psi} = A$），$b = \boldsymbol{\Phi}s$，$s$ 为阵列接收到的信号，$\alpha$ 为声源向量，$\hat{\alpha}$ 为 $\alpha$ 的估计值，$\varepsilon$ 为噪声向量二范数 $\|n\|_2$ 的上界。

将某个位置上平面阵列的中心设为坐标原点，假设平面阵在 $L$ 个位置进行扩展，形成具有 $L$ 个子阵的虚拟阵列。第 $L$ 个子阵的接收到的信号经过相位校准后为 $s_l$，相位校准后虚拟阵列接收信号为

$$s_{\text{syn}} = [s_1^T, s_2^T, \cdots, s_L^T]^T, \tag{7-29}$$

在虚拟阵列中，若第 $L$ 个子阵的阵列流形矩阵为 $A_L$，则等效的阵列流形矩阵为

$$\boldsymbol{\Psi}_{\text{syn}} = [A_1^T, A_2^T, \cdots, A_L^T]^T, \tag{7-30}$$

虚拟阵列模型为

$$\boldsymbol{\Psi}_{\text{syn}} \alpha_{\text{syn}} + n_{\text{syn}} = s_{\text{syn}}. \tag{7-31}$$

为了提高计算速度，基于压缩感知理论，使用一个随机测量矩阵 $\boldsymbol{\Phi}_{\text{syn}}$ 对原始模型进行投影，得到

$$\boldsymbol{\Phi}_{\text{syn}} \boldsymbol{\Psi}_{\text{syn}} \alpha_{\text{syn}} + \boldsymbol{\Phi}_{\text{syn}} n_{\text{syn}} = b_{\text{syn}}, \tag{7-32}$$

式中，$b_{\text{syn}} = \boldsymbol{\Phi}_{\text{syn}}[s_1^T, s_2^T, \cdots, s_L^T]^T$。

### 4. 实验结果

下面使用一个平面螺旋阵列来验证平面阵列合成孔径。该螺旋阵列的直径为 2m，共 8 个臂，每个臂上安装 8 个传声器，平面螺旋阵列的阵元位置分布如图 7-8 所示。为了在水平方向 $x$ 和竖直方向 $y$ 进行阵列扩展，螺旋阵列具有一个竖直伸展机构和一个可移动滑轨。声源定位实验在一个半消声室中进行。对两个作为声

源的扬声器进行定位，两个声源 A 和 B 在水平方向相距 3m，高度均为 2.4m，与螺旋阵列所在平面的距离均为 5.5m。参考传声器放在声源前方 2.5m 处。螺旋阵列中心的初始高度为 2m，实验期间两个声源均发射频率为 250Hz 的单频信号。图 7-9 是平面阵列合成孔径实验场景示意图。

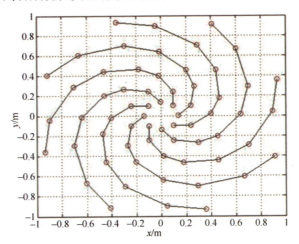

图 7-8　平面螺旋阵列的阵元位置分布

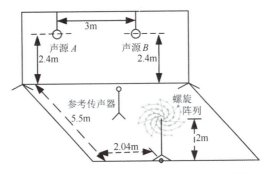

图 7-9　平面阵列合成孔径实验场景示意图

阵列扩展测量的位置设计在不同的水平线和竖直线相交的网格点上，水平线的间距和竖直线的间距均为 1。从左至右，阵列从水平方向 H1 移动到 H3；从下至上，阵列从竖直方向 V1 移动到 V2。在 6 个不同位置对阵列进行扩展。将（V1，H2）设置为坐标原点，两个声源的坐标分别为（-2.04，0.4）和（0.96，0.4），图 7-10 是平面阵列扩展后的示意图。

水平方向和竖直方向扫描范围均为-5～5m，扫描间隔均为 0.1m。将扫描位置向量化，此时 $\alpha$ 是一个 10201×1 的列向量，$\Psi_{syn}$ 是一个 378×10201 的矩阵。为了加快计算速度和降低计算复杂度，把 $\Phi_{syn}$ 选为一个 60×378 的高斯随机矩阵。$s_i$ 为 63×1 的列向量，投影后的合成孔径信号 $b_{syn}$ 为一个 60×1 的列向量。由于在半消声室环境下噪声能量较小，故噪声范数的上界可设为 0.1。

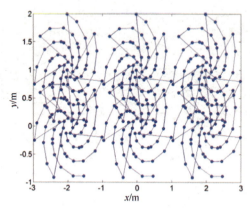

图 7-10　平面阵列扩展后的示意

分别使用单阵 CBF、单阵压缩感知（简称 CS）、合成孔径（简称 PSA）和基于压缩感知的合成孔径（CS-PSA）进行声源定位。相干声源定位结果如图 7-11 所示，其中，采用单阵 CBF 方法的定位结果如图 7-11（a）所示，定位模糊面上两个极大值的坐标分别为（-3.4,0.3）和（2.3,0.9），与声源真实位置的偏差分别为（-2.04,0.4）和（0.96,0.4）。采用单阵 CS 方法定位的结果如图 7-11（b）所示，声源位置的估计值为（-2.7,0）和（1.9,1.1）。尽管定位结果仍然不准确，但是在（2.2,-4.1）处出现了一个可能由地面反射导致的峰值。由此可知，相比于 CBF 方法，CS 方法具有更好的目标定位能力。图 7-11（c）是合成孔径波束形成的定位结果，声源坐标的估计值为（-2.3,0.6）和（1.4,0.8），与单阵 CBF 方法定位的结果相比，PSA 方法具有更小的定位主瓣宽带，并且随着虚拟阵列孔径的增大，定位结果的准确度也得到了提高。图 7-11（d）是采用 CS-PSA 方法的定位结果，两个声源坐标的估计值分别为（-2.2,0.3）和（1.0,0.3），水平方向偏差分别为 0.16m 和 0.4m，竖直方向偏差均为 0.1m。与 PSA 方法相比，CS-PSA 方法定位的主瓣宽带大幅度降低。同时，CS-PSA 方法还定位出了两个地面反射声源，坐标分别为（-2.2,-4）和（1.2,-4.3）。按照虚源理论，地面反射声源的理论位置应为（-2.2,-4.4）和（0.96,-4.4），这与 CS-PSA 方法给出的定位结果相当接近。综合比较上述 4 种定位方法，CS-PSA 方法具有最窄的主瓣宽带和最好的声源检测能力。

# 第 7 章 压缩感知应用

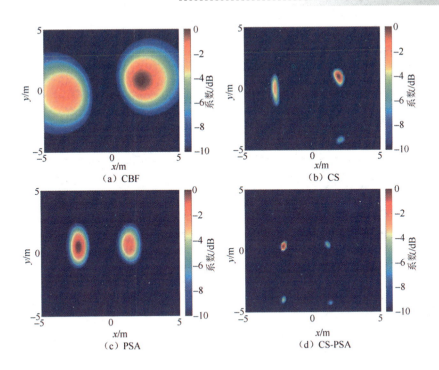

图 7-11 相干声源定位结果

# 参 考 文 献

[1] Urick R J. Principles of underwater sound[M]. New York: McGraw Hill, 1983.

[2] Miller H, Lindsay R B. Acoustics: Historical and philosophical development[M]. Dowden: Hutchinson & Ross, 1973.

[3] Lasky M. Review of undersea acoustics to 1950[J]. The Journal of the Acoustical Society of America, 1977, 61(2): 283-297.

[4] Lasky M. Review of World War I acoustic technology[M]. U. S. Navy J. Underwater Acoustic, 1973, 24: 363.

[5] Holt L E. The german use of sonic listening[J]. Journal of Acoustic Society of America, 1947, 19: 678.

[6] Council N R. Present and future civil uses of underwater sound[M]. Washington D. C: National of academy of sciences, 1970.

[7] Pierce A D. Acoustics: an introduction to its physical principles and applications[M]. New York: McGraw-Hill, 1981.

[8] 郑士杰, 袁文俊, 缪荣兴. 水声计量测试技术[J]. 哈尔滨: 哈尔滨工程大学出版社, 1995.

[9] Preferred reference quantities for acoustical levels[M]. New York:ANSI SI. 8-1969 National Standards Institute.

[10] Wilson W D. Speed of sound in sea water as a function of temperature, pressure and Salinity[J]. Journal of the Acoustical Society of America, 1960, 32(6): 641-644.

[11] Medwin H, Clay C S. Fundamentals of acoustical oceanography[M]. Academic Press, 1997.

[12] Tolstoy I, Clay C S. Ocean acoustics: theory and experiment in underwater sound[M]. Acoustical Society of America, 1987.

[13] Heck N H, Service J H. Velocity of sound in sea water[M]. U. S. Coast Geodetic Survey, Spec. Pub. 108, 1924.

[14] Urick R J. Sound propagation in the sea[M]. Washington D. C.: Defense Advanced Research Projects Agency, 1979.

[15] Kuwahara S. Velocity of sound in sea water and calculation of the velocity for use in sonic sounding[J]. hydrographic review, 1939,16.

[16] Weissler A, Del Grosso V A. The velocity of sound in sea water[J]. The Journal of the Acoustical Society of America, 1951, 23(2): 219-223.

[17] Application of oceanography to subsurface warfare[M]. Nat. Def. Res. comm. Div. 6 Sum. 1946, Tech. Rep. Vol. 6A, 17-32.

[18] Ewing M, Worzel J L. Long-range Sound Transmission[J]. Geological Society of America Memoirs, 1948.

[19] Hale F E. Long-Range sound propagation in the deep ocean[J]. Journal of the Acoustical Society of America, 1961, 33(4): 456-464.

[20] Lund G R, Urick R J. Coherence of convergence zone sound[J]. Journal of the Acoustical Society of

America, 1967, 42(4): 723-729.

[21] Urick R J. Caustics and convergence zones in deep-water sound transmission[J]. The Journal of the Acoustical Society of America, 1965, 38(2): 348-358.

[22] Officer C B, Shrock R R. Introduction to the theory of sound transmission: with application to the ocean[M]. New York: McGraw-Hill, 1958.

[23] Kinsler L, Freywrited A. Fundamentals of acoustics 2nd edition[M]. John Wiley & Sons, Inc, 1962.

[24] Barkhatov A N. Modeling of sound propagation in the sea[M]. Consultants Bureau, 1971.

[25] Anderson G, Gocht R, Sirota D. Spreading loss of sound in an inhomogeneous medium[J]. The Journal of the Acoustical Society of America, 1964, 36(1): 140-145.

[26] Adlington R H. Acoustic-reflection losses at the sea surface, measured with explosive sources[J]. The Journal of the Acoustical Society of America, 1963, 35(11): 1834-1835.

[27] Pedersen M A. Comparison of experimental and theoretical image interference in deep-water acoustics[J]. The Journal of the Acoustical Society of America, 1962, 34(9A): 1197-1203.

[28] Young R W. Image interference in the presence of refraction[J]. The Journal of the Acoustical Society of America, 1947, 19(1): 1-7.

[29] Steinberger R L. Underwater sound investigation of water[J]. Condition Guantanamo Bay Area, 1973.

[30] Schulkin M. Surface-coupled losses in surface sound channels[J]. Journal of the Acoustical Society of America, 1968, 44(4): 1152-1154.

[31] Neumann G, Pierson W J J. Principles of physical oceanography[J]. Quarterly Review of Biology, 1966.

[32] Stewart J L, Westerfield E C, Brandon M K. Optimum frequencies for noise-limited active sonar detection[J]. Journal of the Acoustical Society of America, 1981, 70(5): 1336-1338.

[33] Urick R J. Generalized form of the sonar equations[J]. Journal of the Acoustical Society of America, 1962, 34(5): 547-550.

[34] Horton J W. Fundamentals of sonar[M]. United States Naval Institute, 1957.

[35] Urick R J, Saxion H L. Surface reflection of short supersonic pulses in the ocean[J]. Journal of the Acoustical Society of America, 1947, 19(1): 8-12.

[36] Liebermann L N. Reflection of underwater sound from the sea surface[J]. Journal of the Acoustical Society of America, 1948, 20(4): 498.

[37] Sung C C, Holzer J A. Scattering of electromagnetic waves from a rough surface[J]. Applied Physics Letters, 1976, 28(8): 429-431.

[38] Brekhovskikh L M, Lysanov Y P. Fundamentals of ocean acoustics, 2nd edition[M]. Springer, 1991.

[39] Ogilvy J A. Wave scattering from rough surfaces[J]. Reports on Progress in Physics, 1987, 50(12): 1553.

[40] Roderick W I, Cron B F. Frequency spectra of forward-scattered sound from the ocean surface[J]. The Journal of the Acoustical Society of America, 1970, 48(3B): 759-766.

[41] Brekhovskikh L M, Godin O A. Acoustics of layered media I[M]. Springer Berlin Heidelberg, 1990.

[42] Shooter J A, Mitchell S K. Observations of acoustic sidebands in cw tones received at long ranges[J]. The Journal of the Acoustical Society of America, 1976, 60(4): 829-832.

[43] Brown M V, Ricard J. Fluctuations in surface-reflected pulsed cw arrivals[J]. The Journal of the Acoustical

[44] Gulin E P, Malyshev K I. Statistical characteristics of sound signals reflected from the undulating sea surface[J]. Sov. Phys. Acoust, 1963, 8: 228.

[45] Brown M V. Intensity fluctuations in reflections from the ocean surface[J]. The Journal of the Acoustical Society of America, 1969, 46(1B): 196-204.

[46] Gauss R C, Gragg R F, Wurmser D, et al. Broadband models for predicting bistatic bottom, surface, and volume scattering strengths[R]. Washington D.C.: Naval Research Lab Washington D.C., 2002.

[47] Jackson D R. High-frequency ocean environmental acoustic models handbook[R]. Washington D.C.: Applied Physics Laboratory, 1994.

[48] Chapman R P, Marshall J R. Reverberation from deep scattering layers in the western North Atlantic[J]. The Journal of the Acoustical Society of America, 1966, 40(2): 405-411.

[49] Mackenzie K V. Reflection of sound from coastal bottoms[J]. The Journal of the Acoustical Society of America, 1960, 32(2): 221-231.

[50] Hampton L. Physics of sound in marine sediments[M]. Plenum Press, 1974.

[51] Hamilton E L. Geoacoustic modeling of the sea floor[J]. The Journal of the Acoustical Society of America, 1980, 68(5): 1313-1340.

[52] Nafe J E, Drake C L. Physical properties of marine sediments[R]. Lamont Geological Observatory Palisadesny, 1961.

[53] Cole B F. Marine sediment attenuation and ocean-bottom-reflected sound[J]. The Journal of the Acoustical Society of America, 1965, 38(2): 291-297.

[54] Barnard G R, Bardin J L, Hempkins W B. Underwater sound reflection from layered media[J]. The Journal of the Acoustical Society of America, 1964, 36(11): 2119-2123.

[55] 杨坤德, 雷波, 邱海宾. 海底声透射的声场建模与水池实验研究[J]. 电声技术, 2009, 33(3): 44-49.

[56] 雷波, 马远良, 杨坤德. 水下物体的前向声散射建模与实验观测[J]. 哈尔滨工程大学学报, 2010, 31(07): 990-994.

[57] 唐应吾, 笪良龙. 声波从海底沉积层上的反射[J]. 青岛海洋大学学报(自然科学版), 1998, (03): 94-101.

[58] 唐应吾. 海底沉积物上的声反射[J]. 声学学报, 1994, (04): 278-289.

[59] 包青华, 王恕铨, 杨振华, 等. 浅海声反射损失的实验研究[J]. 中国海洋大学学报(自然科学版), 1987(2): 37-46

[60] 姜胜立, 尚尔昌. 浅海大陆架地声模型的海底反射特性[J]. 海洋学报(中文版), 1983, (04): 408-423.

[61] 殷敬伟. 水声通信原理及信号处理技术[M]. 北京: 国防工业出版社, 2011.

[62] Eldar Y C, Kutyniok G. Compressed sensing: theory and applications[M]. Cambridge University Press, 2012.

[63] Stojanovic M. Retrofocusing techniques for high rate acoustic communications[J]. Journal of Acoustical Society of America, 2005, 117(3): 1173-1185.

[64] Li W, Preisig J C. Estimation of rapidly time-varying sparse channels[J]. IEEE Journal of Oceanic Engineering, 2008, 32(4): 927-939.

# 参考文献

[65] Cotter S F, Rao B D. Sparse channel estimation via matching pursuit with application to equalization[J]. IEEE Transaction on Communication, 2002, 50(3): 374-377.

[66] Takigawa T, Kudo M, Toyama T. Performance analysis of minimum $l_1$-norm solutions for underdetermined source separation[J]. IEEE Transaction on Signal Processing, 2004, 52(3): 582-591.

[67] Figueiredo M, Nowak R, Wright S. Gradient projection for sparse reconstruction: application to compressed sensing and other inverse problems[J]. IEEE Journal of Selected Topics in Signal Processing, 2007, 1(4): 586-597.

[68] Koh K, Kim S J, Boyd S. An interior-point method for large-scale l1-regularized logistic regression[J]. Journal of Machine learning research, 2007, 8(7): 1519-1555.

[69] Mohimani H, Babaie-Zadeh M, Jutten C. A fast approach for overcomplete sparse decomposition based on smoothed $l_0$ norm[J]. IEEE Transaction on Signal Processing, 2009, 57(1): 289-301.

[70] Chen L, Gu Y. The convergence guarantees of a non-convex approach for sparse recovery[J]. IEEE Transactions on Signal Processing, 2014, 62(15): 3754-3767.

[71] Niazadeh R, Ghalehjegh S H, Babaie-Zadeh M, et al. ISI sparse channel estimation based on SL0 and its application in ML sequence-by-sequence equalization[J]. Signal Processing, 2012, 92(8): 1875-1885.

[72] Pelekanakis K, Chitre M. New sparse adaptive algorithms based on the natural gradient and the $l_0$-norm[J]. IEEE Journal of Oceanic Engineering, 2013, 38(2): 323-332.

[73] Rao B D, Delgado K K. An affine scaling methodology for best basis selection[J]. IEEE Transaction on Signal Processing, 1999, 47(1): 187-200.

[74] Novotny A, Straskraba I. Introduction to the mathematical theory of compressible flow[M]. Oxford University Press on Demand, 2004.

[75] 李大潜, 秦铁虎. 物理学与偏微分方程[M]. 北京: 高等教育出版社, 2005.

[76] 李波. 压缩感知中广义 OMP 算法和词典构造研究[D]. 哈尔滨: 哈尔滨工业大学, 2015.

[77] Stojanovic M. Recent advances in high-speed underwater acoustic communications[J]. IEEE Journal of Oceanic Engineering, 1996, 21(2): 125-136.

[78] Stojanovic M, Preisig J C. Underwater acoustic communication channels: propagation models and statistical characterization[J]. IEEE Communications Magazine, 2009, 47(1): 84-89.

[79] Angelosante D, Bazerque J A, Giannakis G B. Online adaptive estimation of sparse signals: where RLS meets the $l_1$-norm[J]. IEEE Transactions on Signal Processing, 2010, 58(7): 3436-3447.

[80] Blumensath T, Davies M E. Iterative hard thresholding for compressed sensing[J]. Applied and Computational Harmonic Analysis, 2009, 27(3): 265-274.

[81] Zeng W J, Xu W. Fast estimation of sparse doubly spread acoustic channels[J]. Journal of the Acoustical Society of America, 2012, 131(1): 303-317.

[82] 杨良龙, 赵生妹, 郑宝玉, 等. 基于 SL0 压缩感知信号重建的改进算法[J]. 信号处理, 2012, 28(6): 834-841.

[83] 伍飞云, 周跃海, 童峰. 基于似零范数和混合优化的压缩感知信号快速重构算法[J]. 自动化学报, 2014, 40(10): 2145-2150.

[84] Wu F Y, Zhou Y H, Tong F, Fang S L. Compressed sensing estimation of sparse underwater acoustic

channels with a large time delay spread[J]. Journal of Southeast University (English Edition), 2014, 30(3): 271-277.

[85] Yang Z, Zheng Y R. Iterative channel estimation and turbo equalization for multiple input multiple-output underwater acoustic communications[J]. IEEE Journal of Oceanic Engineering, 2016, 41(1): 232-242.

[86] 聂星阳. 模型与数据相结合的浅海时变水声信道估计与均衡[D]. 杭州: 浙江大学, 2014.

[87] Zaier A, Bouallègue R. Channel estimation study for block-pilot insertion in OFDM systems under slowly time varying conditions[J]. International Journal of Computer Networks and Communications, 2011, 3(6): 39-54.

[88] Haykin S. Adaptive filter theory 4th Edition[M].Englewood Cliff, NJ, USA: Prentice Hall, 2002.

[89] Gu Y, Jin J, Mei S. $l_0$ norm constraint LMS algorithm for sparse system identification[J]. IEEE Signal Processing Letters, 2009, 16(9): 774-777.

[90] Jin J, Gu Y, Mei S. A stochastic gradient approach on compressive sensing signal reconstruction based on adaptive filtering framework[J]. IEEE Journal of Selected Topics in Signal Processing, 2010, 4(2): 409-420.

[91] Stojanovic M. MIMO OFDM over underwater acoustic channels[C]. Asilomar Conference on Signals, Systems and Computers. IEEE Press, 2009: 605-609.

[92] Wu F Y, Tong F. Gradient optimization p-norm-like constraint LMS algorithm for sparse system estimation[J]. Signal Processing. 2013, 93(4): 967-971.

[93] Wu F Y, Tong F. Non-uniform norm constraint LMS algorithm for sparse system identification[J]. IEEE communication letters, 2013, 17(2): 385-388.

[94] 伍飞云, 周跃海, 童峰. 引入梯度导引似 $p$ 范数约束的稀疏信道估计算法[J]. 通信学报, 2014, 35(7): 172-177.

[95] 伍飞云, 周跃海, 童峰, 等. 可适应稀疏度变化的非均匀范数约束水声信道估计算法[J]. 兵工学报, 2014, 35(9): 1503-1509.

[96] Shi K, Shi P. Adaptive sparse volterra system identification with $l_0$-norm penalty[J]. Signal Processing, 2011, 91(10): 2432-2436.

[97] Duttweiler D L. Proportionate normalized least mean square adaptation in echo cancellers[J]. IEEE Transaction on Speech Audio Processing, 2000, 8(5): 508-518.

[98] Benesty J, Gay S L. An improved PNLMS algorithm[C]. IEEE International Conference on Acoustics, Speech, and Signal Processing. IEEE, 2002: II-1881-II-1884.

[99] Loganathan P, Habets E A P, Naylor P A. Performance analysis of IPNLMS for identification of time-varying systems[C]. IEEE International Conference on Acoustics Speech and Signal Processing. IEEE, 2010: 317-320.

[100] 刘立刚. 稀疏冲激响应的自适应滤波算法及其应用研究[D]. 上海: 复旦大学, 2012.

[101] Santamaria Caballero I, Pantaleon Prieto C, Artes Rodriguez A. Sparse deconvolution using adaptive mixed-Gaussian models [J]. Signal processing, 1996, 54(2): 161-172.

[102] Gu Y, Tang K, Cui H. LMS algorithm with gradient descent filter length [J]. IEEE signal processing letters, 2004, 11(3): 305-307.

# 参 考 文 献

[103] King R. Improved Newton iteration for integral roots [J]. Mathematics of computation, 1971, 25(114): 299-304.

[104] Taylor G. Optimal starting approximations for Newton's method [J]. Journal of Approximation Theory, 1970, 3(2): 156-163.

[105] Chen Y, Gu Y, Hero A. Sparse LMS for system identification [C]. 2009 IEEE International Conference on Acoustics, Speech and Signal Processing, 2009, 3125-3128.

[106] Su G, Jin J, Gu Y, Wang J. Performance analysis of l0 norm constraint least mean square algorithm [J]. IEEE Transaction on Signal Processing, 2012, 60(5): 2223-2235.

[107] Douglas S, Amari S, Kung S. On gradient adaptation with unit-norm constraints [J]. IEEE Transactions on Signal Processing, 2000, 48(6): 1843-1847.

[108] Huang W, Chen D. Gradient iteration with $l_p$-norm constraints [J]. Journal of Mathematical Analysis and Applications, 2011, 381(2): 947-951.

[109] Liu J, Grant S. Proportionate adaptive filtering for block-sparse system identification [C]. IEEE/ACM Transactions on Audio, Speech and Language Processing, 2016, 24(4): 623-630.

[110] Stamatiou K, Casari P, Zorzi M. The throughput of underwater networks: analysis and validation using a ray tracing simulator [J]. IEEE Transactions on Wireless Communications, 2013, 12(3): 1108-1117.

[111] Song A, Badiey M, Song H, et al. Impact of source depth on coherent underwater communications [J]. Journal of the Acoustical Society of America, 2010, 128(2): 555-558.

[112] Preisig J. Performance analysis of adaptive equalization for coherent acoustic communications in the time-varying ocean environment [J]. Journal of Acoustical Society of America, 2005, 118(1): 263-278.

[113] Haupt J, Bajwa W, Raz G, et al. Toeplitz compressed sensing matrices with applications to sparse channel estimation [J]. IEEE Transaction on Information Theory, 2010, 56(11): 5862-5875.

[114] Carbonelli C, Vedantam S, Mitra U. Sparse channel estimation with zero tap detection[J]. IEEE Transactions on Wireless Communication, 2007, 6(5): 1743–1753.

[115] 夏梦璐. 浅海起伏环境中模型-数据结合水声信道均衡技术[D]. 杭州: 浙江大学, 2012.

[116] Paige C. Fast numerically stable computations for generalized linear least squares problems [J]. SIAM Journal on Numerical Analysis, 1979, 16(1): 165-171.

[117] Donoho D. Compressed sensing [J]. IEEE Transactions on Information Theory, 2006, 52(4): 1289-1306.

[118] Candès E, Romberg J, Tao T. Robust uncertainty principles: exact signal reconstruction from highly incomplete frequency information [J]. IEEE Transaction on Information Theory, 2006, 52(2): 489-509.

[119] Foucart S. A note on guaranteed sparse recovery via l1-minimization[J]. Applied and Computational Harmonic Analysis, 2010, 29(1): 97-103.

[120] Mallat S, Zhang Z. Matching pursuits with time-frequency dictionaries[J]. IEEE Transaction on Signal Processing, 1993, 41(12): 3397-3415.

[121] Tropp J, Gilbert A. Signal recovery from random measurements via orthogonal matching pursuit [J]. IEEE Transaction on Information Theory, 2007, 53(12): 4655-4666.

[122] Jiang X, Zeng W, Li X. Time delay and doppler estimation for wideband acoustic signals in multipath environments [J]. Journal of Acoustical Society of America, 2011, 130(2): 850-857.

[123] Wang Z, James C, Zhou S, et al. Clustered adaptation for estimation of time-varying underwater acoustic channels[J]. IEEE Transaction on Signal Processing, 2012, 60(6): 3079-3091.

[124] Eldar Y, Kuppinger P, Bolcskei H. Compressed sensing for block-sparse signals: uncertainty relations and efficient recovery [J]. IEEE Transaction on Signal Processing, 2010, 58(6): 3042-3054.

[125] Ananya S, James P. A geometric mixed norm approach to shallow water acoustic channel estimation and tracking [[J]. Physical Communication, 2012, 5(2): 119-128.

[126] Yang J. Peng Y. Xu W et al. Ways to sparse representation[J]. Science in China Series F: Information Sciences, 2009, 52(4): 547-722.

[127] Candès E, Donoho D. Curvelets: a surprisingly effective non-adaptive representation for objects with edges[C]. Proceedings of Curves and Surfaces Fitting, 1999: 105-120.

[128] Do M, Vetterli M. The contourlet transform: an efficient directional multiresolution image representation[J]. IEEE Transactions on Image Processing, 2005, 14(12): 2091-2106.

[129] Velisavljevie V, Beferull-Lozano B. Vetteli M. Diretionlets: anisotropie multidirectional representation with separable filtering [J]. IEEE Transactions on Image Processing, 2006, 15(7): 1916-1933.

[130] Olshausen A, David J. Emergence of simple-cell receptive field properties by learning a sparse code for natural images [J]. Nature, 1996, 381(6583): 607-609.

[131] Aharon M, Elad M, Btuckstein A, Katz Y. The K-SVD: an algorithm for designing of overcomplete dictionaries for sparse representation[J]. IEEE Transactions on Signal Processing, 2006, 54(11): 4311-4322.

[132] Julien M, Francis B, Jean P, et al. Online dictionary learning for sparse coding[C]. Proceedings of the 26th Annual International Conference on machine learning, 2009: 689-696.

[133] Vetterli M. Fast 2-D discrete cosine transform [C]. Proceedings of IEEE International Conference on Acoustics, Speech and Signal Processing, 1985, 10: 1538-1541.

[134] Haque M. A two-dimensional fast cosine transform [J]. IEEE Transactions on Acoustics, Speech and Signal Processing, 1985, 33(6): 1532-1539.

[135] Ma C. A fast recursive two dimensional cosine transfom [C]. Proceedings of Robotics Conferences. International Society for Optics and Photonics, 1989, 1002: 541-549.

[136] Duhamel P, Gullemor C. Polynomial transform computation of the 2-D DCT[C]. Proceedings of IEEE International Conference on Acoustics, Speech and Signal Processing, 1990, 3: 1515-1518.

[137] Cho N, Lee S. Fast algorithm and implementation of 2-D discrete cosine transform [J]. IEEE Transactions on Circuits and Systems, 1991, 38(3): 297-305.

[138] Feig E, Linzer E. The multiplicative complexity of discrete cosine transforms [J]. Advances in Applied Mathematics, 1992, 13(4): 494-503.

[139] Feig E, Winograd S. Fast algorithms for the discrete cosine transform [J]. IEEE Transactions on Signal Processing, 1992, 40(9): 2174-2193.

[140] Cho N, Lee S. A fast 4 X 4 DCT algorithm for the recursive 2-D DCT [J]. IEEE Transactions on Signal Processing, 1992, 40 (9): 2166-2173.

[141] Morikawa Y, Hatmada H, Watabu K. A fast computation algorithm of the two dimensional cosine

transform using chebyshev polynomial transform [J]. Electronics and Communications in Japan (Part 1: Communications), 1986, 69(11): 33-44.

[142] Elnaggar A, Alnuweiri H. A new multidimensional recursive architecture for computing the discrete cosine transform [J]. IEEE Transactions on Circuits and Systems for Video Technology, 2000, 10(1): 113-119.

[143] Wang Z, He Z, Zou C, Chen J. A generalized fast algorithm for n-D discrete cosine transform and its application to motion picture coding [J]. IEEE Transactions on Circuits and Systems II: Analog and Digital Signal Processing, 1999, 46(5): 617-627.

[144] Chen X, Dai Q, Lin C. A fast algorithm for computing multidimensional DCT on certain small sizes [J]. IEEE Transactions on Signal Processing, 2003, 51(1): 213-220.

[145] Dai Q, Chen X, Lin C. Fast algorithms for multidimensional DCT to-DCT computation between a block and its associated sub-blocks [J]. IEEE Transactions on Signal Processing, 2005, 53(8): 3219-3225.

[146] Zeng Y, Bi G, Leyman A. New Polynomial transform algorithm for multidimensional DCT [J]. IEEE Transactions on Signal Processing, 2000, 48(10): 2814-2821.

[147] Geetha K, Uttarakumari M. New polynomial transform algorithm for 2-D DCT using ramanujan ordered numbers [C]. Proceedings of IEEE International Conference on Signal Processing and Communications, 2010: 1-5.

[148] Lewis A, Knowles G. VLSI architecture for 2-D daubechies wavelet Transform without multipliers [J]. Electronics letters, 1991, 27(2): 171-173.

[149] Parhi K, Nishitani T. VISI architectures for discrete wavelet transforms[J]. IEEE Transactions on Very Large Seale Integration Systems, 1993, 1(2): 191-202.

[150] Vishwanath M, Owens R, Irwin M. VLSI architectures for the discrete wavelet transform [J]. IEEE Transactions on Circuits and Systems II: Analog and Digital Signal Processing, 1995, 42(5): 305-316.

[151] Chakrabarti C. Vishwanath M. Efficient realizations of the discrete and continuous wavelet transforms: from single chip implementations to mappings on SIMD array computers[J]. IEEE Transactions on Signal Processing, 1995, 43(3): 759-771.

[152] Chuang H, Chen L. VLSI architecture for fast 2D discrete orthonormal wavelet transform. journal of VLSI signal processing systems for signal[J]. Image and Video Technology, 1995, 10(3): 225-236.

[153] Chen J, Bayoumi M. A scalable systolie array architecture for 2D discrete wavelet transforms[C]. Proceedings of IEEE Signal Processing Society Workshop on Signal Processing, VII, 1995: 303-322.

[154] Chakrabarti C, Mumford C. Efficient realizations of analysis and synthesis filters based on the 2-D discrete wavelet transform [C]. Proceedings of 1EEE International Conference on Acoustics, Speech and Signal Processing, 1996, 6: 3256-3259.

[155] Wu P, Chen L. An efficient architecture for two dimensional discrete wavelet transform[J]. IEEE Transactions on Circuits and Systems for Video Technology, 2001, 11(4): 536-545.

[156] Mallat S. A compact multiresolution representation: the wavelet model[J]. Miami: Proceedings IEEE Workshop Computer Vision, 1987.

[157] Daubechies I, Grossmann A. Meyer Y. Painless nonorthogonal expansions[J]. Math. Phys. 1986, 27(5): 1271-1283.

[158] 伍飞云. 融合盲源分离与小波变换的EMGdi信号降噪研究[D]. 广州: 中山大学, 2010, 5.

[159] 谢燕江. 基于小波变换的EMGdi信号降噪方法研究[D]. 广州: 中山大学, 2009, 5.

[160] Marino F. Two fast architectures for the direct 2-D discrete wavelet transform [J]. IEEE Transactions on Signal Processing, 2001, 49(6): 1248-1259.

[161] Mallat S, Zhang Z. Matching pursuits with time frequency dictionaries [J]. IEEE Transactions on Signal Processing, 1993, 41(12): 3397-3415.

[162] Pati Y, Reailfar R, Krishmaprasad P. Orthogonal matching pursuit: recursive function approximation with applications to wavelet decomposition[J]. Proceedings of the 27th Asilomar Conference on Signals, Systems and Computers, 1993, 1: 40-44.

[163] Donoho D, Tsaig Y, Drori I, et al. Sparse solution of underdetermined linear equations of stagewise orthogonal matching pursuit[J]. IEEE Transactions on Information Theory, 2012, 58 (2): 1094-1121.

[164] Jost P, Vandergheynst P, Frossard P. Tree-based pursuit: algorithm and properties[J]. IEEE Transactions on Signal Processing, 2006, 54(12): 4685-4697.

[165] Natarajan B. Sparse approximate solutions to linear systems[J]. SLAM Journal on Computing, 1995, 24(2): 227-234.

[166] Chen S, Donoho D, Saunders M. Atomic decomposition by basis pursuit [J]. SIAM Journal on Scientific Computing, 1998, 20(1): 33-61.

[167] O'Brien M, Sinclair A, Kramer S. Recovery of a sparse spike time series by L1 norm deconvolution [J]. IEEE Transactions on Signal Processing, 1995, 42(12): 3353-3365.

[168] Tibshirani R. Regression shrinkage and selection via the lasso: a retrospective [J]. Journal of the Royal Statistical Society, 2011, 73(3): 267-288.

[169] Gorodnitsky I, Rao B. Sparse signal reconstructions from limited data using focuss: a re-weighted minimum norm algorithm [J]. IEEE Transactions on Signal Processing, 1997, 45(3): 600-616.

[170] Donoho D, Huo X. Uncertainty principles and ideal atomic decompositions [J]. IEEE Transactions on Information Theory, 2101, 47(7): 2845-2862.

[171] Chen S S. Basis pursuit department of statistics[M]. Stanford University, 1995.

[172] Donoho D, Elad M. Optimally sparse representation in general (non-orthogonal) dictionaries via $l^1$ minimization [J]. Proceedings of the National Academy of Sciences, 2003, 100(5): 2197-2202.

[173] Candès E, Randall P. Highly robust error correction by convex programming[J]. IEEE Transactions on Information Theory, 2008, 54(7): 2829-2840.

[174] Donoho D. For Most large underdetermined systems of linear equations the minimal $l^1$ norm solution is also the sparsest solution [J]. Communications on Pure and Applied Mathematics, 2006, 59(6): 797-829.

[175] Cevher V, Becker S, Schmidt M. Convex optimization for big data: scalable, randomized and parallel algorithms for big data analytics [J]. IEEE Signal Processing Magazine, 2014, 31(5): 32-43.

[176] Daubhechies I, Defrise M, De M. An iterative thresholding algorithm for linear inverse problems with a sparsity constraint [J]. Communication on Pure and Applied Mathematics, 2004, 57(11): 1413-1457.

[177] Blumensath T, Davies M. Iterative thresholding for sparse approximations [J]. The Journal of Fourier Analysis and Applications, 2008, 14(5): 629-654.

# 参考文献

[178] Yin W, Osher S, Goldfarb D, et al. Bregman iterative algorithms for $l_1$-minimization with applications to compressed sensing [J]. SIAM Journal on Imaging Sciences, 2008, 1(1): 143-168.

[179] Figueiredo M, Nowak R, Wright S. Gradient projection for sparse reconstruction: application to compressed sensing and other inverse problems [J]. IEEE Journal of Selected Topics in Signal Processing, 2007, 1(4): 586-597.

[180] Hale E, Yin W, Zhang Y. Fixed point Continuation for $l^1$-minimization: methodology and convergence [J]. SI AM Journal on Optimization, 2008, 19(3): 1107-1130.

[181] Combettes P, Pesquet J. Proximal splitting methods in signal processing [M]. Springer Proceedings of Fixed Point Algorithms for Inverse Problems in Science and Engineering, 2011: 185-212.

[182] Yang A, Sastry S, Ganesh A. Fast L1-minimization algorithms and an application in robust face recognition: a review [C]. Proceedings of IEEE International Conference on Image Processing. 2010: 1849-1852.

[183] Boyd S, Parikh N, Chu E, et al. Distributed optimization and statistical learning via the alternating direction method of multipliers [J]. Foundations and Trends in Machine Learning. 2011, 3(1): 1-122.

[184] Mallat S. A wavelet tour of signal processing: the sparse way[M]. Academic Pres, 2008.

[185] Neff R, Zakhor A. Very low bit rate video coding based on matching pursuits[J]. IEEE Transactions on Circuits and Systems for Video Technology, 1997, 7(1): 158-171.

[186] Olshausen B, Field D. Emergence of simple cell receptive field properties by learning a sparse code for natural images [J]. Nature, 1996, 381(6583): 607-609.

[187] Vinje W, Gallant J. Sparse coding and decorrelation in primary visual cortex during natural vision[J]. Science, 2000, 287(5456): 1273-1276.

[188] Olshausen B, Sallee P. Lewicki M. Learning sparse image codes using a wavelet pyramid architecture[C]. Advances in Neural Information Processing Systems, 2001: 887-893.

[189] Hyvarinen A, Oja E. Independent component analysis: algorithms and applications [J]. Neural networks, 2000, 13(4): 411-430.

[190] Kreutz D, Murray J, Rao B. Dictionary learning algorithms for sparse representation [J]. Neural computing, 2003, 15(2): 349-396.

[191] Candès E, Recht B. Exact matrix completion via convex optimization [J]. Foundations of Computational Mathematics, 2009, 9(6): 717-772.

[192] Cai J, Cands E, Shen Z. A singular value thresholding algorithm for matrix completion [J]. SIAM Journal on Optimization, 2010, 20(4): 1956-1982.

[193] Toh K, Yun S. An accelerated proximal gradient algorithm for nuclear norm regularized linear least squares problems [J]. Pacific Journal of Optimization, 2010, 6(3): 615-640.

[194] Wright J, Ganesh A, Rao S. Robust principal component analysis: exact recovery of corrupted low-rank matrices via convex optimization [C]. Proceedings of Advances in neural information processing systems, 2009: 2080-2188.

[195] Candès E, Li X, Ma Y, et al. Robust principal component analysis [J]. Journal of the ACM, 2011, 58(3): 1-37.

[196] Ganesh A, Lin Z, Wright J, et al. Fast Algorithms for Recovering A Corrupted Low Rank Matrix [C]. Proceedings of IEEE International Workshop on Computational Advances in Multi- Sensor Adaptive Processing, 2009: 213-216.

[197] Z. Lin, M. Chen, L. Wu, et al. The augmented lagrange multiplier method for exact recovery of corrupted low-rank matrices[R]. Technical Report UILU-ENG-09-2215, UIUC, 2009 (arXiv: 1009. 5055).

[198] Yuan X, Yang J. Sparse and low-rank matrix decomposition via alternating direction methods [J]. Pacific Journal of Optimization, 2013, 9(1): 167-180.

[199] Tao M, Yuan X. Recovering low-rank and sparse components of matrices from incomplete and noisy observations [J]. SIAM Journal on Optimization, 2011, 21(1): 57-81.

[200] Peng Y, Suo J, Dai Q, et al. Reweighted low rank matrix recovery and its application in image restoration [J], IEEE Transactions on Cybernetics, 2014, 44(12): 2418-2430.

[201] Fornasier M, Rauhut H, Ward r. low rank matrix recovery via iteratively reweighted leas squares minimization [J]. SIAM Journal on Optimization, 2011, 21(4): 1614-1640.

[202] Fazel M, Hindi H, Boyd S. Log-det heuristic for matrix rank minimization with applications to hankel and euclidean distance matrices[C]. Proceedings of IEEE American Control Conference, 2003, 3: 2156-2162.

[203] Deng Y, Dai Q, Liu R, et al. Low rank structure learning via nonconvex heuristic recovery [J]. IEEE Transactions on Neural Networks and Learning Systems, 2013, 24 (3): 383-396.

[204] Ji H, Huang S, Shen Z, et al. Robust Video Restoration by Joint Sparse and Low Rank Matrix Approximation [J]. SIAM Journal on Imaging Sciences, 2011, 4(4): 1122-1142.

[205] Peng Y, Ganesh J, Wright J, et al. Robust alignment by sparse and low-rank decomposition for linearly correlated images[J]. IEEE Transactions on Pattern Analysis and Machine Intelligence, 2012, 34(11): 2233-2246.

[206] Zhang Z, Liang X, Ganesh A, et al. Transform invariant low rank textures [J]. International Journal of Computer Vision , 2012, 99( 1): 1-24.

[207] Li K, Dai Q, Xu W. Three dimensional motion estimation via matrix completion [J]. IEEE Transactions on Systems Man and Cybernetics Part B: Cybernetics, 2012, 42(2): 539-551.

[208] Deng Y, Liu Y, Dai Q. Noisy depth maps fusion for multiview stereo via matrix completion [J]. IEEE Journal of Selected Topics in Signal Processing, 2012, 6(5): 566-582.

[209] R. Baraniuk. Compressive sensing[J]. IEEE Transactions on Signal Processing, 2007, 24(4): 118-120.

[210] Damelin S, Miller W. Compressive sampling. The Mathematics of Signal Processing. Cambridge: Cambridge University Press, 2011.

[211] Candès E, Romberg J. Quantitative robust uncertainty principles and optimally sparse decompositions. Foundations of Computational Mathematics, 2006, 6(2): 227-254.

[212] Candès E J, Romberg J, Tao T. Robust uncertainty principles: exact signal reconstruction from highly incomplete frequency information[M]. IEEE Press, 2006, 52(2): 489-509.

[213] Candès E J, Tao T. Decoding by linear programming[J]. IEEE Transactions on Information Theory, 2005, 51(12): 4203-4215.

[214] Davenport M A. Random observations on random observations: sparse signal acquisition and processing[J].

Rice University, 2010.

[215] Donoho D L, Elad M, Temlyakov V N. Stable recovery of sparse overcomplete representations in the presence of noise[J]. IEEE Transactions on Information Theory, 2005, 52(1): 6-18.

[216] Tropp J, Gilbert A C. Signal recovery from partial information via orthogonal matching pursuit[J]. IEEE Trans. Inform. Theory, 2007, 53(12): 4655-4666.

[217] Rosenfeld M. The Mathematics of Paul Erdös II[M]. Springer Science & Business Media, IA, USA, 2012.

[218] Strohmer T, Jr R W H. Grassmannian frames with applications to coding and communication[J]. Applied & Computational Harmonic Analysis, 2003, 14(3): 257-275.

[219] Welch L. Lower bounds on the maximum cross correlation of signals[J]. IEEE Transactions on Information Theory, 1974, 20(3): 397-399.

[220] Boufounos P, Kutyniok G, Rauhut H. Sparse recovery from combined fusion frame measurements[J]. IEEE Transactions on Information Theory, 2011, 57(6): 3864-3876.

[221] Eldar Y C. Uncertainty relations for shift-invariant analog signals[J]. Information Theory IEEE Transactions on, 2009, 55(12): 5742-5757.

[222] Eldar Y C, Kuppinger P, Bölcskei H. Block-Sparse Signals: Uncertainty Relations and Efficient Recovery[J]. IEEE Transactions on Signal Processing, 2010, 58(6): 3042-3054.

[223] Herman M A, Strohmer T. High-Resolution Radar via Compressed Sensing[J]. IEEE Transactions on Signal Processing, 2009, 57(6): 2275-2284.

[224] Davenport M A, Laska J N, Boufounos P T, et al. A simple proof that random matrices are democratic[J]. Mathematics, 2009.

[225] Laska J N, Boufounos P T, Davenport M A, et al. Democracy in action: Quantization, saturation, and compressive sensing [J]. Applied & Computational Harmonic Analysis, 2011, 31(3): 429-443.

[226] Baraniuk R, Davenport M, Devore R, et al. A Simple Proof of the Restricted Isometry Property for Random Matrices[J]. Constructive Approximation, 2008, 28(3): 253-263.

[227] Tropp J A, Laska J N, Duarte M F, et al. Beyond Nyquist: Efficient Sampling of Sparse Bandlimited Signals[J]. IEEE Transactions on Information Theory, 2009, 56(1): 520-544.

[228] Tropp J A, Wakin M B, Duarte M F, et al. Random filters for compressive sampling and reconstruction[C]. International Conference on Acoustics, Speech and Signal Processing, 2006. 3: III-III.

[229] Mishali M, Eldar Y C. From theory to practice: Sub-Nyquist sampling of sparse wideband analog signals[J]. IEEE Journal of Selected Topics in Signal Processing, 2010, 4(2): 375-391.

[230] Bajwa W U, Haupt J D, Raz G M, et al. Toeplitz-structured compressed sensing matrices[C]. Statistical Signal Processing, 2007. SSP'07. IEEE/SP 14th Workshop on. IEEE, 2007: 294-298.

[231] Romberg J. Compressive sensing by random convolution[J]. SIAM Journal on Imaging Sciences, 2009, 2(4): 1098-1128.

[232] Slavinsky J P, Laska J N, Davenport M A, et al. The compressive multiplexer for multi-channel compressive sensing[C]. International Conference on Acoustics, Speech and Signal Processing, 2011: 3980-3983.

[233] Muthukrishnan S. Data streams: Algorithms and applications[J]. Foundations and Trends in Theoretical

Computer Science, 2005, 1(2): 117-236.

[234] Chen S S, Donoho D L, Saunders M A. Atomic decomposition by basis pursuit[J]. SIAM review, 2001, 43(1): 129-159.

[235] Candès E J. The restricted isometry property and its implications for compressed sensing[J]. Comptes Rendus Mathematique, 2008, 346(9-10): 589-592.

[236] Davenport M A, Boufounos P T, Baraniuk R. Compressive domain interference cancellation[C]. SPARS'09-Signal Processing with Adaptive Sparse Structured Representations, 2009.

[237] Davenport M A, Boufounos P T, Wakin M B, et al. Signal processing with compressive measurements[J]. IEEE Journal of Selected Topics in Signal Processing, 2010, 4(2): 445-460.

[238] Davenport M A, Duarte M F, Wakin M B, et al. The smashed filter for compressive classification and target recognition[C]. Computational Imaging V at SPIE Electronic Imaging, 2007.

[239] Davenport M A, Schnelle S R, Slavinsky J P, et al. A wideband compressive radio receiver[C]. Military Communications Conference, 2010: 1193-1198.

[240] M. Duarte, M. Davenport, M. Wakin, et al. Toulouse: Sparse signal detection from incoherent projections[C]. International Conference on Acoustics, Speech, and Signal Processing, 2006.

[241] Duarte M F, Davenport M A, Wakin M B, et al. Multiscale random projections for compressive classification[C]. International Conference on. Image Processing, 2007, 6: VI-161-VI-164.

[242] Haupt J, Castro R, Nowak R, et al. Compressive sampling for signal classification[C]. Asilomar Conference on Signals, Systems and Computers , 2006: 1430-1434.

[243] Haupt J, Nowak R. Compressive sampling for signal detection[C]. International Conference on. Acoustics, Speech and Signal Processing, 2007, 3: III-1509-III-1512.

[244] Beck A, Teboulle M. A fast iterative shrinkage-thresholding algorithm for linear inverse problems[J]. SIAM journal on imaging sciences, 2009, 2(1): 183-202.

[245] Figueiredo M A T, Nowak R D, Wright S J. Gradient projection for sparse reconstruction: Application to compressed sensing and other inverse problems[J]. IEEE Journal of selected topics in signal processing, 2007, 1(4): 586-597.

[246] Friedman J, Hastie T, Tibshirani R. Regularization paths for generalized linear models via coordinate descent[J]. Journal of statistical software, 2010, 33(1): 1-22.

[247] Hale E T, Yin W, Zhang Y. A fixed-point continuation method for l1-regularized minimization with applications to compressed sensing[R].Dept. Computational and Applied Mathematics, Rice University, 2007, 43: 44.

[248] Loris I. On the performance of algorithms for the minimization of l1-penalized functionals[J]. Inverse Problems, 2009, 25(3): 035008. I.

[249] Osher S, Mao Y, Dong B, et al. Fast linearized Bregman iteration for compressive sensing and sparse denoising[J]. arXiv preprint arXiv: 1104. 0262, 2011.

[250] Wen Z, Yin W, Goldfarb D, et al. A fast algorithm for sparse reconstruction based on shrinkage, subspace optimization, and continuation[J]. SIAM Journal on Scientific Computing, 2010, 32(4): 1832-1857.

[251] Wright S J, Nowak R D, Figueiredo M A T. Sparse reconstruction by separable approximation[J]. IEEE

Transactions on Signal Processing, 2009, 57(7): 2479-2493.

[252] Yin W, Osher S, Goldfarb D, et al. Bregman iterative algorithms for $l_1$-minimization with applications to compressed sensing[J]. SIAM Journal on Imaging sciences, 2008, 1(1): 143-168.

[253] Berinde R, Indyk P, Ruzic M. Practical near-optimal sparse recovery in the $l_1$ norm[C]. Annual Allerton Conference on Communication, Control, and Computing, 2008: 198-205.

[254] Blumensath T, Davies M E. Gradient pursuits[J]. IEEE Transactions on Signal Processing, 2008, 56(6): 2370-2382.

[255] Blumensath T, Davies M. Iterative hard thresholding for compressive sensing[J]. Appl. Comput. Harmon. Anal., 2009, 27(3): 265-274.

[256] Cohen A, Dahmen W, DeVore R. Instance optimal decoding by thresholding in compressed sensing[C]. Proc. 8th Int. Int. Conf., Jun. 1620, 2010, El Escorial, Madrid, Spain. 2008, 505: 1.

[257] Dai W, Milenkovic O. Subspace pursuit for compressive sensing signal reconstruction[J]. IEEE Transactions on Information Theory, 2009, 55(5): 2230-2249.

[258] Daubechies I, Defrise M, De Mol C. An iterative thresholding algorithm for linear inverse problems with a sparsity constraint[J]. Communications on pure and applied mathematics, 2004, 57(11): 1413-1457.

[259] Davenport M A, Wakin M B. Analysis of orthogonal matching pursuit using the restricted isometry property[J]. IEEE Transactions on Information Theory, 2010, 56(9): 4395-4401.

[260] Donoho D L, Tsaig Y, Drori I, et al. Sparse solution of underdetermined linear equations by stagewise orthogonal matching pursuit 2006[J]. Preprint, 2006.

[261] Donoho D L, Tsaig Y. Fast Solution of $l_1$-Norm Minimization Problems When the Solution May Be Sparse[J]. IEEE Transactions on Information Theory, 2008, 54(11): 4789-4812.

[262] Indyk P, Ruzic M. Near-Optimal Sparse Recovery in the $l_1$ Norm[C]. Conference on Communication. IEEE, 2008: 199-207.

[263] Mallat S. A wavelet tour of signal processing[M]. Academic press, 1999.

[264] Mallat S G, Zhang Z. Matching pursuits with time-frequency dictionaries[J]. IEEE Transactions on signal processing, 1993, 41(12): 3397-3415.

[265] Needell D, Tropp J A. CoSaMP: Iterative Signal Recovery From Incomplete and Inaccurate Samples[J]. Applied & Computational Harmonic Analysis, 2008, 26(3): 301-321.

[266] Needell D, Vershynin R. Uniform Uncertainty Principle and Signal Recovery via Regularized Orthogonal Matching Pursuit[J]. Foundations of Computational Mathematics, 2009, 9(3): 317-334.

[267] Needell D, Vershynin R. Signal recovery from incomplete and inaccurate measurements via regularized orthogonal matching pursuit[J]. IEEE Journal of selected topics in signal processing, 2010, 4(2): 310-316.

[268] Tropp J A. Greed is good. Algorithmic results for sparse approximation[J]. IEEE Transactions on Information theory, 2004, 50(10): 2231-2242.

[269] Tropp J A, Gilbert A C, Strauss M J. Algorithms for simultaneous sparse approximation. Part I: Greedy pursuit[J]. Signal Processing, 2006, 86(3): 572-588.

[270] Du D Z, Hwang F K. Combinatorial group testing and its applications[M]. Singapore: World Scientific, 1993.

[271] Erlich Y, Shental N, Amir A, et al. Compressed sensing approach for high throughput carrier screen[C]. Allerton Conference on Communication, Control and Computing, 2009: 539-544.

[272] Kainkaryam R M, Bruex A, Gilbert A C, et al. PoolMC: Smart pooling of mRNA samples in microarray experiments[J]. BMC Bioinformatics, 2010, 11(1): 299.

[273] Shental N, Amir A, Zuk O. Identification of rare alleles and their carriers using compressed se (que) nsing[J]. Nucleic acids research, 2010, 38(19): e179-e179.

[274] Cormode G, Hadjieleftheriou M. Finding the frequent items in streams of data[J]. Communications of the ACM, 2009, 52(10): 97-105.

[275] Cormode G, Muthukrishnan S. An improved data stream summary: the count-min sketch and its applications[J]. Journal of Algorithms, 2005, 55(1): 58-75.

[276] Gilbert A C, Li Y, Porat E, et al. Approximate sparse recovery: optimizing time and measurements[J]. SIAM Journal on Computing, 2012, 41(2): 436-453.

[277] Gilbert A C, Strauss M J, Tropp J A, et al. One sketch for all: fast algorithms for compressed sensing[C]. Proceedings of the thirty-ninth annual ACM symposium on Theory of computing, 2007: 237-246.

[278] Chen J, Huo X. Theoretical results on sparse representations of multiple-measurement vectors[J]. IEEE Transactions on Signal Processing, 2006, 54(12): 4634-4643.

[279] Cotter S F, Rao B D, Engan K, et al. Sparse solutions to linear inverse problems with multiple measurement vectors[J]. IEEE Transactions on Signal Processing, 2005, 53(7): 2477-2488.

[280] Gorodnitsky I F, George J S, Rao B D. Neuromagnetic source imaging with FOCUSS: a recursive weighted minimum norm algorithm[J]. Electroencephalography and clinical Neurophysiology, 1995, 95(4): 231-251.

[281] Tropp J A. Algorithms for simultaneous sparse approximation. Part II: Convex relaxation[J]. Signal Processing, 2006, 86(3): 589-602.

[282] Van Den Berg E, Friedlander M P. Theoretical and empirical results for recovery from multiple measurements[J]. IEEE Transactions on Information Theory, 2010, 56(5): 2516-2527.

[283] Eldar Y C, Mishali M. Robust recovery of signals from a structured union of subspaces[J]. IEEE Transactions on Information Theory, 2009, 55(11): 5302-5316.

[284] Needell, D, Vershynin R. Signal recovery from incomplete and inaccurate measurements via regularized orthogonal matching pursuit[J]. IEEE Journal of Selected Topics in Signal Processing, 2010, 4(2): 310-316.

[285] Needell D. Tropp J. A. CoSaMP：Iterativesignal recovery from incomplete and inaccurate samples[J]. Applied and Computation Harmonic Analysis, 2009, 26: 301-321.

[286] Donoho D L, Tsaig Y, Drori I, et al. Sparse solution of underdetermined linear equations by stage wise orthogonal matching pursuit[J]. IEEE Transactions on Information Theory, 2012, 58(2): 1094-1121.

[287] Dai W, Milenkovic O. Subspace pursuit for compressive sensing signal reconstruction [J]. IEEE Transactions on Information Theory, 2009, 55(5): 2230-2249.

[288] Do T T, Lu G, Nguyen N, et al. Sparsity adaptive matching pursuit algorithm for practical compressed sensing[C]. IEEE Asilomar Conference on Signals, Systems and Computers, 2008: 581-587.

[289] Wang J, Kwon S, Shim B. Generalized orthogonal matching pursuit, IEEE Transactions on Signal Processing, 2012, 60(12): 6202-6216.

[290] Baraniuk R G. Compressive sensing[J]. IEEE signal processing magazine, 2007, 24(4): 118-121.

[291] Wang Z, Zhou S, Catipovic J, et al. Parameterized cancellation of partial-band partial-block-duration interference for underwater acoustic OFDM[J]. IEEE Transactions on Signal Processing, 2012, 60(4): 1782-1795.

[292] Berger C R, Zhou S, Preisig J C, et al. Sparse channel estimation for multicarrier underwater acoustic communication: From subspace methods to compressed sensing[J]. IEEE Transactions on Signal Processing, 2010, 58(3): 1708-1721.

[293] Gohberg I, Olshevsky V. Complexity of multiplication with vectors for structured matrices[J]. Linear Algebra and Its Applications, 1994, 202: 163-192.

[294] 王晋晋. 基于声传播模型的信道模拟与应用[D]. 哈尔滨: 哈尔滨工程大学, 2012.

[295] Jiang X, Zeng W J, Li X L. Time delay and Doppler estimation for wideband acoustic signals in multipath environments [J]. Journal of Acoustical Society of America, 2011, 130(2): 850-857.

[296] Ballal T, Al-Naffouri T Y, Ahmed S F. Low-C. omplexity Bayesian Estimation of Cluster-Sparse Channels[J]. IEEE Transactions on Communications, 2015, 63(11): 4159-4173.

[297] Zeng W J, Jiang X. Time reversal communication over doubly spread channels [J]. Journal of Acoustical Society of America, 2012, 132(5): 3200-3212.

[298] Yu H, Song A, Badiey M, et al. Iterative estimation of doubly selective underwater acoustic channel using basis expansion models [J]. Ad Hoc Networks, Issue C, 2015, 34: 52-61.

[299] Rouseff D, Badiey M, Song A. Effect of reflected and refracted signals on coherent underwater acoustic communication: results from the Kauai experiment (KauaiEx 2003) [J]. Journal of the Acoustical Society of America, 2009, 126(5): 2359-2366.

[300] Tao J, Zheng Y R, Xiao C, Yang T C. Robust MIMO underwater acoustic communications using turbo block decision-feedback equalization [J]. IEEE Journal of Oceanic Engineering, 2010, 35(4): 948-960.

[301] Mitra U, Choudhary S, Hover F, et al. Structured sparse methods for active ocean observation systems with communication constraints[J]. IEEE Communications Magazine, 2015, 53(11): 88-96.

[302] Etter P C. Underwater acoustic modeling and simulation [M]. 3rd edtion, Spon Press, 2003.

[303] Buckingham M J. Ocean-acoustic propagation models [J]. J. Acoustique, 1992: 223-287.

[304] Gerstoft P, Schmidt H. A boundary element approach to ocean seismoacoustic facet reverberation [J]. Journal of Acoustical Society of America, 1991, 89(4): 1629-1642.

[305] Su R, Venkstesan R, Li C. A review of channel modeling techniques for underwater acoustic communications [C]. Proceedings of 19th IEEE Newfoundland Electrical and Computer Engineering Conference, 2010: 1-5.

[306] Qu F, Wang Z, Yang L, Wu Z. A journey toward modeling and resolving Doppler in underwater acoustic communications [J]. IEEE Communications Magazine, 2016, 54(2): 49-55.

[307] Eggen T H, Baggeroer A B, Preisig J C. Communication over Doppler spread channels. Part I: Channel and receiver presentation[J]. IEEE journal of oceanic engineering, 2000, 25(1): 62-71.

[308] 余子斌. 水声双扩展信道空时 Turbo 通信系统[D]. 杭州: 浙江大学, 2014.

[309] Kilfoyle D B, Baggeroer A B. The state of art in underwater acoustic telemetry [J]. IEEE Journal of Oceanic Engineering, 2000, 25(1): 4-24.

[310] 惠永涛. 双选择信道下 OFDM 系统中信号检测算法研究[D]. 西安: 西安电子科技大学, 2015.

[311] Huang S H, Yang T C, Xu W. Tracking channel variations in a time-varying doubly-spread underwater acoustic channel[C]. Oceans, 2016: 1-7.

[312] Qin Y, Yan S, Yuan Z, et al. Grid optimization based methods for estimating and tracking doubly spread underwater acoustic channels[C]. Oceans, 2016: 1-8.

[313] Arunkumar K P, Murthy C R, Elango V. Joint sparse channel estimation and data detection for underwater acoustic channels using partial interval demodulation[C]. IEEE, International Workshop on Signal Processing Advances in Wireless Communications, 2016: 1-6.

[314] Ma X, Yang F, Liu S, et al. Structured Compressive Sensing-Based Channel Estimation for Time Frequency Training OFDM Systems Over Doubly Selective Channel[J]. IEEE Wireless Communications Letters, 2017, 6(2): 266-269.

[315] Ma X, Yang F, Liu S, et al. Doubly selective channel estimation for MIMO systems based on structured compressive sensing[C]. Wireless Communications and Mobile Computing Conference, 2017: 610-615.

[316] Wang X, Wang J, Song J. Doubly Selective Underwater Acoustic Channel Estimation with Basis Expansion Model[C]. IEEE International Conference on Communications, 2017.

[317] Qian C, Wang Z, Lu X, et al. Sparse channel estimation for filtered multitone in underwater communications[C]. OCEANS 2017-Aberdeen, 2017: 1-7.

[318] Climent S, Sanchez A, Capella J, et al. Underwater acoustic wireless sensor networks: advances and future trends in physical, MAC and routing layers[J]. Sensors, 2014, 14(1): 795-833.

[319] Heidemann J, Ye W, Wills J, et al. Research challenges and applications for underwater sensor networking[C]. Wireless Communications and Networking Conference, 2006, 1: 228-235.

[320] Heidemann J, Stojanovic M, Zorzi M. Underwater sensor networks: applications, advances and challenges[J]. Phil. Trans. R. Soc. A, 2012, 370(1958): 158-175.

[321] Zhuo J, Zhang Y, Liu X, et al. An underwater acoustic data compression method using improved threshold integer wavelet and LZW algorithm[J]. Technical Acoustics, 2015, 2: 003.

[322] Mamaghanian H, Khaled N, Atienza D, et al. Compressed sensing for real-time energy-efficient ECG compression on wireless body sensor nodes[J]. IEEE Transactions on Biomedical Engineering, 2011, 58(9): 2456-2466.

[323] Donoho D L. Compressed sensing[J]. IEEE Transactions on information theory, 2006, 52(4): 1289-1306.

[324] Donoho D L, Elad M, Temlyakov V N. Stable recovery of sparse overcomplete representations in the presence of noise[J]. IEEE Transactions on information theory, 2006, 52(1): 6-18.

[325] Benesty J, Paleologu C, Ciochina S. Proportionate adaptive filters from a basis pursuit perspective[J]. IEEE Signal Processing Letters, 2010, 17(12): 985-988.

[326] Wright S J, Nowak R D, Figueiredo M A T. Sparse reconstruction by separable approximation[J]. IEEE Transactions on Signal Processing, 2009, 57(7): 2479-2493.

[327] Blumensath T. Accelerated iterative hard thresholding[J]. Signal Processing, 2012, 92(3), 752-756.

[328] Wu F Y, Tong F. Non-uniform norm constraint LMS algorithm for sparse system identification[J]. IEEE communications letters, 2013, 17(2): 385-388.

[329] Li Y, Wang Y, Jiang T. Norm-adaption penalized least mean square/fourth algorithm for sparse channel estimation[J]. Signal processing, 2016, 128: 243-251.

[330] Wang C, Zhang Y, Wei Y, et al. A New $l_0$-LMS Algorithm With Adaptive Zero Attractor [J]. IEEE Communications Letters, 2015, 19(12): 2150-2153.

[331] Wu F Y, Tong F. Mean-square analysis of the gradient projection sparse recovery algorithm based on non-uniform norm[J]. Neurocomputing, 2017, 223: 103-106.

[332] Sartipi M, Fletcher R. Energy-efficient data acquisition in wireless sensor networks using compressed sensing[C]. Data Compression Conference, 2011: 223-232.

[333] 雷志雄. 基于稀疏表示的水声信号处理方法研究[D]. 西安: 西北工业大学, 2017.

[334] Lei Z, Yang K, Duan R, et al. Localization of low-frequency coherent sound sources with compressive beamforming-based passive synthetic aperture[J]. Journal of the Acoustical Society of America, 2015, 137(4): 255-260